领会人工智能

我们的算法世界

Making Sense of AI

Our Algorithmic World

[澳]安东尼·艾略特(Anthony Elliott) 著

谢文俊 毛声 肖蕾 何其芳 译

国防工業出版社

·北京·

著作权合同登记　图字:01-2022-5448 号

图书在版编目(CIP)数据

领会人工智能:我们的算法世界/(澳)安东尼·艾略特(Anthony Elliott)著;谢文俊等译.—北京:国防工业出版社,2024.5

书名原文:Making Sense of AI:Our Algorithmic World

ISBN 978-7-118-12930-4

Ⅰ.①领… Ⅱ.①安… ②谢… Ⅲ.①人工智能 Ⅳ.①TP18

中国国家版本馆 CIP 数据核字(2024)第 085148 号

※

国防工業出版社出版发行
(北京市海淀区紫竹院南路 23 号　邮政编码 100048)
雅迪云印（天津）科技有限公司印刷
新华书店经售
*
开本 710×1000　1/16　印张 15　字数 338 千字
2024 年 5 月第 1 版第 1 次印刷　印数 1—3000 册　定价 98.00 元

(本书如有印装错误,我社负责调换)

国防书店:(010)88540777　书店传真:(010)88540776
发行业务:(010)88540717　发行传真:(010)88540762

译者序

从中美博弈的尖端竞争到欧亚各国的多维突破，从硅谷技术精英的举重若轻到非洲外包员工的废寝忘食，从量化交易的高频收割到智能武器的精准杀敌，从嫌疑人的精确追踪到隐私权的巨大挑战，从智能机器人的轰轰烈烈到传统从业者的黯然神伤，从居家办公的安逸舒适到新冠疫情的有序防控，人工智能（AI）技术的应用无处不在，它源于历史，塑造现实，引领未来。

本书从算法视角出发，呈现了立体的AI世界，力图追寻AI纷繁复杂的历史脉络，梳理多种流派学者的思维交锋，总览全球政经领域的风起云涌，描绘时代个体发展的喜乐悲欢。本书系统性地对AI的起源、发展和未来方向进行阐述，研究了AI算法的原理以及相关技术在发展变化过程中造成的深远影响，从宏观上把握了国家政策、军事技术、产业发展等领域的发展脉络，在微观上着眼于普通人价值取向、技能需求、隐私风险等方面的深刻转变。此外，本书具体讨论了AI在面对全球性危机和社会难题时所扮演的关键角色，包括处理新冠病毒危机、解决能源安全问题，以及协助全球各国政府应对气候变化。在阐述相关内容时，本书同时对 AI 驱动的发展变化提供了深刻思考，探究相关原因和趋势，涉及的领域包括基础观念、技术变革和资本主义社会矛盾。

本书的翻译工作由谢文俊、毛声、肖蕾、何其芳共同完成。肖蕾负责完成译者序以及第 1～4 章的翻译，毛声负责完成 5～8 章的翻译，谢文俊和何其芳负责译稿润色与统稿工作。

感谢装备科技译著出版基金对本书出版的资助，感谢国防工业出版社肖姝编辑在翻译过程中给予的指导和有力帮助，也感谢其他同事对我们工作的支持。由于水平有限，翻译过程中难免出现一些疏漏，欢迎读者批评指正。

译者

2023. 12

前　言

本书对我的前作《AI 文化》(*The Culture of AI*, 2019)中的核心论点和议题进行了扩展。前作阐述了 AI 革命的蔓延,包括当下日常生活发生的巨大变化。基于其中的理念,我在本书中重点讨论这些变革是如何渗透到现代产业中系统性的先进自动化场景,从而在许多重要方面深刻地影响当代社会。通过对科技、经济和社会进行整体思考,本书分析了重构人们生活的复杂 AI 系统。我认为,无论是与 AI 相关的复杂系统还是由它产生的独特"人机交互界面",都将产生自动化的智能体,使公共和私人生活产生重大转型。

本书中提及的部分研究由澳大利亚研究理事会提供资助,涉及的项目包括"工业 4.0 生态系统:工作—生活转型的比较式研究(DP180101816)"和"增强型人类、机器人与未来工作(DP160100979)"。其他研究未作详细说明,但为本书的论证提供了参考,包括我最近参与的由欧盟委员会 Erasmus+资助的

“欧盟14.0创新对话”(611183-EPP-1-2019-1-AU-EPPJMO-PROJECT)和Jean Monnet网络资助的“合作式、连接式自动化移动”(599662-EPP-1-2018-1-AU-EPPJMO-NETWORK)。非常感谢这些为研究提供资助的机构。同时十分感谢南澳大学Jean Monnet卓越中心的同事,尤其是Louis Everuss和Eric Hsu。Ross Boyd协助完成了书稿的准备,还提出了许多建设性意见,使得我能够全身心投入写作工作中。作为超级国际化项目的成员,我经常有机会访问日本的庆应大学,为此感谢Atsushi Sawai。我也经常到访都柏林大学,同样感谢那里的同事Iarfhlaith Watson和Patricia Maguire。

特别感谢那些曾经直接或间接帮助过我的同事们,他们与我在许多问题上进行了探讨,完善了我关于AI的思考。这些同事包括Tony Gidden, Nigel Thrift, Helga Nowotny, Massimo Durante, Vincent Müller, Toby Walsh, Masataka Katagiri, Ralf Blomqvist, Rina Yamamoto, Takeshi Deguchi, Ingrid Biese, Bo-Magnus Salenius, Hideki Endo, Robert J. Holton, Thomas Birtchnell, Charles Lemert, Ingrid Biese, Peter Beilharz, Sven Kesselring, John Cash, Nick Stevenson, Anthony Moran, Caoimhe Elliott, Oscar Elliott, Mike Innes,

Kriss McKie，Fiore Inglese，Niamh Elliott，Oliver Toth，Nigel Relph 以及 Gerhard Boomgaarden。感谢 Polity 出版社的编辑 John Thompson 为本书的成稿提出了实质性意见，再次与他合作十分愉快。同样感谢 Polity 出版社的编辑 Julia Davies。感谢 Fiona Sewell 对书稿的文字加工工作。Nicola Geraghty 在本书创作过程中提出了许多建设性的意见，她的支持使得本书质量大为改善。

Anthony Elliott

阿德莱德，2021

目 录

第 1 章

AI 的起源

本章并不准备对人工智能(artificial intelligence,AI)的发展或现状进行全面的阐述。本书在社会与技术之间不断变化的关系背景下开始前两章的讨论,因此将主要(尽管不是全部)从常见用途、纷繁历史、经济利益和权力结构等一系列领域追踪 AI。AI 即将成为一个专业领域、一个全球性产业,它的出现常常被认为是不可改变或不可避免的。但 AI 是多元化的,它是由文化交流、社会实践和技术融合等多领域交织而成的一个整体。这么说并不意味着忽视支撑 AI 的技术知识,或者将全部重点放在数字革命的社会、文化和政治层面上。但重要的是要看到不同的权力形式、知识背景和意识形态潜藏在关于 AI 的对话中——所有这些都对当前的社会发展产生了意想不到的后果和影响。

1.1 节概述了一些与 AI 发展有关的通用概念,这将有助于构建本书整体的关键主题。其中的重点是厘清 AI 的许多不同定义。1.2 节将 AI 放在全球化和日常生活的大背景下进行考虑。尽管技术思维的主导地位对仅能了解输入输出的“黑盒模型”赋予了特权,但是自动化智能机器的崛起更应该作为社会形态、文化知识储备以及不平等权力关系的一种表达或融合方式进行研究,这为 AI 的探索提供了一个聚焦点。

1.1　什么是 AI?

当谈论到 AI,人们通常认为(尽管是谬误的)它能够而且应该可以通过 AI 的相关研究进行标记、衡量和复述,从而完成历史的追溯。然而,如果其中的任何一段历史超出工程学、计算机科学或数学的领域范畴,就可能会被合理地忽略,或者仅仅当作 AI 典型研究领域的一个注脚。如果本书采用这种方法,就只能展现 AI 领域中相当局限的内容。例如,有关“技术事实”[1]的定义性问题或争论。准确地说,什么是机器学习?机器学习是如何兴起的?什么是人工神经网络?什么是 AI 中的历史性关键里程碑?AI、机器人、计算机视觉和语音识别之间的内在联系是什么?什么是自然语言处理?这些关于 AI 的定义性问题和历史事实,已经被全世界接受过良好教育的计算机科学家和经验丰富的工程师厘清,详细讨论可以参阅相关资料[2]。

本书的主题是领会 AI,而非 AI 的意义构建。内容不是关于 AI 的技术维度或者科技创新,而是在更广阔的社会、文化、经济、环境和政治维度中的AI。我正在试图做一些其他学者从未尝试过的事情。在复述AI的历史时,现有文献更侧重于其在单一科学领域的率先应用,而本书更多的是关注文化变迁和理念潮流。虽然当前大量的文献倾向于论述工作与就业,种族主义与性别歧视,监控与伦理相关的某个特定领域,但本书试图记录这些领域之间错综复杂的内在联系——从生活方式的变化、社会的不平等到战争与新冠肺炎。事实上,本书作者花费大量心血来研究这些多维度的内在关系,以弥补当前AI研究领域中的不足。特别地,AI技术与复杂的数字系统,以及与社会之间的密切关联和交互,正在产生越来越重要的影响,同时预示着机遇和风险。关于这些内容,本书将在不同章节进行详细阐述。最后,尽管当前的研究往往侧重于一个国家的技术部门或者特定地区的AI产业,作者试图从全球视角提供比较式的见解。对于AI、复杂数字系统和人机协同交互等领域之间的内在联系,目前还缺乏一种通用的社会理论。然而,本书展示了一种综合方法,希望它有助于读者理解人类和自动智能体领域之间日益多样化的融合关系,并通过这些内容构建理论化和社会化的框架,来反思AI的动态以及它在社会生活中的位置。

本章将讨论的"人工智能"这一术语,包含许多不同的概念链条、纷繁的历史以及相互竞争的经济领域。要了解其中的丰富含义,一种途径是回到1956年,即"人工智能"一词诞生的那年。在美国达特茅斯夏季研究项目的学术活动中,研究人员提出"寻找让机器使用语言,形成指令和概念,解决人类现存的问题,并自我提高的方法"[3]。那一次达特茅斯会议由美国数学家约翰·麦卡锡(John McCarthy)、哈佛大学的马文·明斯基(Marvin Minsky)、贝尔实验室的克劳德·香农(Claude Shannon)以及IBM的内森·罗切斯特(Nathan Rochester)主导。从会议向洛克菲勒基金会(Rockefeller Foundation)提供的资助方案来看,并不清楚为什么要将“人工”这一形容词放到“智能”之前。然而,从这个为期六周的著名的达特茅斯会议中,可以清楚地看到,AI被认为包含了从计算机语言处理到通过数学模拟人类智能等一系列广泛的主题。仿真——一种对自然的复制,迁移到了人工领域,这才是重要的。他们将AI定义为一种对人类高级认知行为的模拟,以及对人类大脑整体高级功能的复制。

关于达特茅斯会议的组织者们想要实现的目标,前人已花费大量笔墨;但我想在这里强调的是麦卡锡和他的同事们惊人的创造力,特别是他们将当时未经证实的多种科学策略与经验直觉重新提炼并引入AI领域的过程。每一种文化都依赖于新意义的产生与传播——至少从社会学的角度来看是如此。在美国社会中有这样一个时期,人们崇尚所有新奇的事物,达特茅斯的组织者们在那时应该就开始偏好“人工”这一术语。20世纪50年代,美国社会没有偏爱自然的事物,反而推崇“新的就是好的”。与自然的、闪耀的那种偏好截然不同,美国社会崇尚“新的就是好的”。当时可以说是“人工时代”的黎明:技术征服的时期,越来越精密的机器纷纷出现,用于解决自然界的问题。当时最顶尖的文化领域之一就是构建各种人造物品。大自然显然是被抛弃的。自然,作为一种社会之外的现象,在某种意义上已经走到了一个“终点”——由文化支配自然造就的终局。而且,尽管AI可以提供无限的梦境体验,人类的本性仍是不能直接丢弃的;人类通过技术得到的增强将是一种进步,一种通向下一阶段的过渡。这就是达特茅斯会议“正式”提出AI的社会和历史背景。一个充满希望和乐观的世界,具备规范的再分配能力,远离自然事物,通向人造世界。奇怪的是,在六七十年后的今天,“人工智能”这个词可能根本没有被大众认可。自然的、有机的、先天的、本土的产品变得无处不在而且不断发展,成为今天文化生活的重要资源,而人们对“人工”制造的东西往往持怀疑态度。“人工”制造不再是社会认可和成功的首要衡量标准。

这一切将使AI何去何从?20世纪50年代以来,AI领域发展迅速,但回顾AI的思想史是有益的;因为这段历史表明,试图将AI的丰富含义压缩为一个通用的定义是不可取的。AI绝非一个单一的理论。为了阐明这一点,我们思考一下目前流行的关于AI的定义,这些定义或多或少是随机选择的,而且人们正在使用。

(1) 由人类展示、创造的可执行任务的机器或计算机程序被称为智能;

(2) 计算机技术、机器人技术、机器学习和大数据技术不断改进所形成的复杂集合体,构成了可与人类媲美或超过人类能力的自主系统;

(3) 技术驱动的思维形式,能够基于有限数据及时实现泛化;

(4) 在技术式社会生活中自动产生意义、符号和价值的过程,例如推理、概括或从过去的经验中学习;

(5) “智能体”的研究和设计:任何能够感知环境、采取行动,以实现目标最大化、学习策略优化和模式识别的机器;

(6) 机器和自动化系统模仿人类智能行为的能力;

(7) 模仿生物智能,以促使软件应用程序或智能机器实现不同程度的自主行为。

关于这些定义,有几点需要强调。首先,其中的一些表述定义了与人类智能相关的 AI,但必须注意的是人类智能没有统一的定义,更不用说有效的衡量标准了。AI 技术已经可以处理垃圾邮件,推荐人们可能喜欢看的电影,并扫描人群中的特定面孔,但这些成就并不意味着它的能力可以与人类相比。当然,利用基本的数值测量方法将 AI 与人类智力(如 IQ)进行比较也是有可能的,但是很容易就能发现这种情况下的问题。测量数值表示的智力与人类的自然智力是有区别的。认知推理过程可能确实为评估 AI 的进展提供了一种尺度,但也存在其他形式的智能。人们如何凭借直觉感知彼此的情感,如何在不确定性和矛盾中生活,或者如何在更广阔的世界中体面地接受自己和他人的失败:这些都是不容易被以上定义所捕捉的智力指标。

其次,这些关于 AI 的表述在解释 AI 的同时,似乎提出了更多的问题。在前面的几个定义中,将机器智能直接等同为人类智能,但尚不清楚是否仅涉及工具性的(数学)推理智能或者情感智能。激情和欲望会有什么影响?智能与意识是相同的吗?非人类的物体是否可以拥有智能?将机器智能与人类智能等同起来,身体会发生什么变化?人类身体可以说是我们体验世界的最直观的方式,它是人类智能的基础。然而,对于装配了人脸的机器而言,情况并非如此。可以说,这些关于 AI 的定义同样表述了人类身体的复杂性。简而言之,这些定义极其抽象,与不同形式的智力无关,与人类整体的情绪、感受和人际关系无关。

再次,这些定义中有些是乐观的,有些是模棱两可的,还有一些在整体上高估了 AI 在当今和不远的将来的能力。这些定义有一个有趣的特征,它们倾向于将 AI 扁平化处理为一个单一实体。如今,AI 可能是虚拟的个人助理,一台自动驾驶汽车,一个机器人,一部智能电梯,或者一架无人机。但是这些定义很难体现机器智能的层次或差异。例如,基于日常使用数据,使用 AI 技术处理办公楼人流物流运送需求的智能电梯,本质上是以结果为导向的,技术目标也很单一。这就是一个弱 AI 或者狭义 AI 的例子,在这种情况下,机器智能只能基于非常有限的场景和参数,执行程序所设定的任务。

狭义 AI 的例子包括谷歌搜索、面部识别软件以及苹果的 Siri,这些都是非常基础的自动化机器智能。它们可以按照程序很好地完成一项任务,却不能切换到其他类型的任务——或者,至少在工程师和计算机科学家完成大量的进一步工作之前,它们做不到。另外,AI 还存在更为高级的形式。深度 AI,即所谓的通用 AI,是一种自学习机器智能的高级形式,目的是复制人类智能。与狭义 AI 技术不同,深度 AI 结合了不同领域的见解,能够执行多种智能任务,表现出极大的灵活性和敏捷性。深度 AI 需要利用大型计算处理能力实现机器学习算法。例如,世界上速度最快的计算机之一 Summit,每秒能够执行 2×10^{17} 次计算。可以说,深度 AI 最具操作性的例子之一就是 IBM 的沃森(Watson),该系统将超级计算和深度学习算法结合在一起。设计这类深度学习算法的目的是根据特定的数据处理标准(如语音、面部识别或医疗诊断),通过自动调整判定相关性的阈值对数据进行分析,并优化模型性能。另一种 AI 变体是超级智能,它目前还不存在,但许多专家预测它代表一种完全成熟的机器智能,能够在每个领域超越人类智能,包括认知推理和社交技巧。超级智能一直是好莱坞科幻小说的专属领域,电影《她》(*Her*)中萨曼莎(Samantha)的个性化 AI 系统就是一个典型的例子(第 8 章将详细讨论与超级智能相关的技术进步)。

当前存在的问题是关于 AI 有太多的炒作、误解和过分夸大的说法。对 AI 进行逆向解读的一种方法是,避免涉及该领域流传的专家定义,而是谈论阻力、混乱和历史。了解代表性机构之外的人是如何理解专家术语,总是有益的;同样,它有助于了解一项新兴技术的"史前史"。

要跨越 AI"官方"和"非官方"版本之间的界限并非易事,但本书旨在简要地介绍 AI"史前史"的各个方面,以便更好地把握 AI 的整体进程。也就是说,本书的重点放在 AI 本领域和相关领域思想的功效上——包括技术专家们的愿望、目标和梦想——以便更好地对当今的技术现实及其多方面的扭曲进行定位。换言之,本书的目标是让 AI 回归它本身的真实历史。

众多科技公司形成了一幅虚浮场景,似乎 AI 是近年来才出现的,而且已经完全成型。对此,有一种反对意见认为,机器智能和机械机器人实际上完全是历史的产物。那些在这个时代提倡技术炒作的人可能并不希望卷入各种历史和反历史的漩涡,但只有扩展 AI 的历史边界,将官方叙事之外的隐藏在幕后的发展历程纳入考虑范围,我们才能对抗这样一种观点,即 AI 是一个起源自 1956 年达特茅斯会议的简单的、线性的故事。

将 AI 诞生过程中一系列类似的、相互关联的发展过程串联起来,需要追溯到公元前8世纪;当时机器人出现在希腊神话中,例如克里特岛的塔罗斯(Talos)[4]。或者必须回到古代美索不达米亚的世界,穆斯林学者伊斯梅尔·伊本·拉扎兹·贾札里(Ismail Ibn al-Razzaz al-Jazari)在那里发明了由水力驱动的自动闸门,同时编写了程序文本《精巧机械装置知识之书》(*The Book of Knowlege of Ingenious Mechanical Devices*)[5]。另一个历史起点可能是亚里士多德的古代哲学,他在自己的著作《政治学》(*Politics*)[6]中谈到了人造奴隶。

将时间快进到欧洲的近代早期,当时关于机器人的场景更多的是人们的梦想,但也在那时,人类与机器智能之间的冲突变得可以解决,仅待时机成熟。近代早期的欧洲思想与科学理性相结合,在数学与力学的双重助力下找到了解决这种冲突的途径。法国哲学家、数学家和科学家笛卡儿(René Descartes)将动物的身体比作复杂的机器。在托马斯·霍布斯(Thomas Hobbes)的政治思想中,机械认知理论代表了理性触及的人类领域。法国伟大的数字家、发明家、物理学家和天主教神学家布莱斯·帕斯卡痴迷于建造旋转机械模型和计算器,在他的实践中,算数运算代表了概率论的可行性和最终的胜利。再次将时间快进几个世纪,我们发现作家和艺术家都以一种怀疑的眼光看待一个完全依赖于人类本性或自然冲动的社会。纵观整个现代史,从玛丽·雪莱(Mary Shelley)的《弗兰肯斯坦》(*Frankenstein*)到卡雷尔·恰佩克(Karel Čapek's)的《罗素姆的万能机器人》(*Rossum's Universal Robots*),对现实的塑造、思考和阐释都与自动化装置、机器人或电子人相关。在20世纪初,自动化机器的梦想终于按部就班地在经验测试领域中实现了,其中最著名的就是潮汐预测机械计算机——通常被称为老黄铜大脑,它由费舍尔(E. G. Fischer)和罗宾·哈里斯(Rolin Harris)开发[7]。世界终于从“事物的自然秩序”发展到了更为神奇的领域:“机械大脑的人工秩序”。

对于今天的大多数人来说,AI 等同于谷歌、亚马逊或优步,而不是古老的哲学或机械大脑。然而,还有一些更早的关于 AI 的历史性预兆,它们仍然能够与当前关于自动化智能机器的场景和文化交流产生共鸣。20 世纪 50 年代初,英国就出现了这样一个转折点,当时被称为 AI 之父的英国博学家阿兰·图灵(Alan Turing)提出了一个关键问题:“机器会思考吗?”[8]图灵在第二次世界大战期间作为一名数学家参与了重要的密码破译工作,他提出了这样一种前景,即自动化机器可以通过其他方式来延续思考。在图灵的眼里,思考变成了一种对话,一种人与机器之间的问答。图灵的机器思维理论基于一种英国鸡尾酒会游戏,即所谓的“模仿游戏”。在这个游戏中,一个人被送到另一个房间,客人们必须试着猜测他的身份。图灵重新设计了这个游戏,法官坐在墙的一边,另一边则是一个人和一台计算机。在这个游戏中,法官会和墙另一边的神秘对话者聊天,游戏的目的是欺骗法官,让他误把来自计算机的回答判定为真人。这个试验后来被称为图灵测试。

从那以后,自动化技术的领域不断扩大,有征兆表明,思考机器的智力可能发展到与人类相当,甚至超过人类。然而这些观点一直到今天仍然饱受争议。自动化智能机器是否可能在实际应用以及更广泛的意义上超越人类智能,是我们这个时代生活中的重要问题。尽管各种 AI 研究者和未来学家的说法因为过于乐观而声名狼藉,但科学家、哲学家和技术理论家或多或少都面临着一种压倒一切的危机感;人们对于证明AI是否可能比人类聪明的狂热,形成了一种新的"生活在十字路口"的情感结构。应该指出的是,有人在这方面提出了一些非常直率、有时是毁灭性的批评。哲学家休伯特·德雷福斯(Hubert Dreyfus)是一位重要的早期批评家。德雷福斯在其著作《计算机不能做的事》(*What Computers Can't Do*)中指出,AI中人类智能与机器智能之间的等式存在根本性缺陷。对于我们是否最终会承认计算机比人类"更智能"的问题,德雷福斯认为,人类的思维结构(包括意识和无意识的架构)不能简化为指导AI的数学概念。正如德雷福斯所言,计算机完全缺乏人类那种理解上下文或者掌握情景意义的能力。德雷福斯认为,AI本质上依赖于一套简单的数学规则,无法掌握其所属的"参考系统"。

针对把人类智能与机器智能等同起来的看法,美国哲学家约翰·塞尔(John Searle)也对其局限性提出了更猛烈的批评。塞尔深受路德维希·维特根斯坦(Ludwig Wittgenstein)背离哲学的影响,尤其是维特根斯坦的论证:赋予普通语言精确性的是它的使用语境。当人们见面或交谈时,使用了情景中的设定来定义谈话的性质。人们每天都在参与这种将意义整合在一起的耗费时间和精力的情景式活动,然而这是AI无法替代的。为了证明这一点,塞尔提出了著名的"中文屋论证"。他解释道:

想象一个不懂中文、母语为英文的人被锁在一间屋子,里面满是标记着中文符号的盒子(数据库),附带一本有着操作符号(程序)指

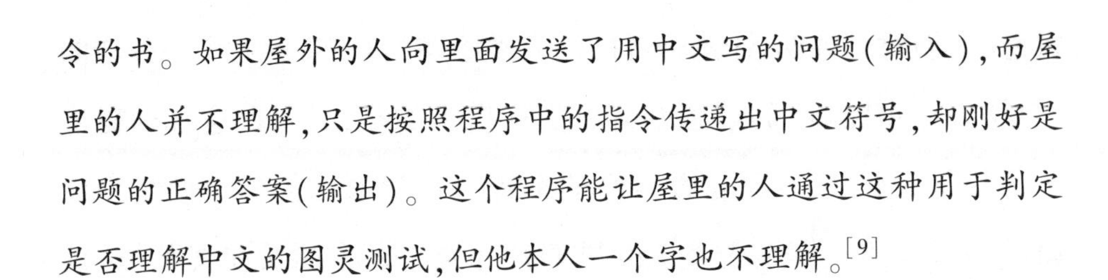

令的书。如果屋外的人向里面发送了用中文写的问题(输入),而屋里的人并不理解,只是按照程序中的指令传递出中文符号,却刚好是问题的正确答案(输出)。这个程序能让屋里的人通过这种用于判定是否理解中文的图灵测试,但他本人一个字也不理解。[9]

塞尔的结论是显而易见的。机器和人类智能在部分领域可能存在复杂的映射关系,但 AI 无法获得人类在实际行动的环境中不断将单词、短语和对话连接起来的能力。简而言之,意义和指称不能简化为一种信息处理的形式。维特根斯坦指出,狗可能知道自己的名字,但并非以主人的方式进行理解。塞尔认为这也同样适用于计算机。在将人类智能与机器智能进行比较时,塞尔强力断言,只有人类才能在日常经验模式中理解环境、情景和目的。

1.2 人工智能前沿:全球变革,日常生活

与“官方”叙事相反,另一种逆向解读 AI 的方法就是重新思考它与经济、社会和不平等的权力关系之间的联系。这些都是关于 AI 的论述中可以而且必须定位的关键领域。1.1 节已经讨论过,将智能呈现为“人工”的理念,除了直接收益之外,还意味着人类能力在自然的、天生的、遗传的生物领域实现转变和超越。AI 是一项将人类知识转化为机器智能的工程,要求社会参与者将新发明的 AI 技术整合应用到日常生活中。然而,制造这种自动化智能机器,不仅会影响个人

生活、个性化以及人类智能发展等内在领域,还会对社会、经济和政治权力等外部领域发挥作用。如今,AI驱动的软件程序可以被下载到地球上的多个位置,实现同时存储、操作和修改。对比人类大脑在脑容量和新陈代谢方面的局限性,以及AI可扩展的广阔领域,苏珊·施耐德(Susan Schneider)认为,自动化的机器智能“可以将其影响力扩展到互联网上,甚至能够在星系范围内建立一个‘原子计算机(computronium)’——利用所有物质进行计算的大型超级计算机。长期来看,根本不存在竞争。AI将比人类能力更强,工作更久。”[10]

因此,AI也关乎星系范围内的活动,而它对全球范围内不同对象的影响尤为突出,主要涉及软件、符号、仿真、思想、信息和智能体的自动变化。AI驱动的信息社会涉及经济、社会和政治生活中不断提升的自动化水平。强调这一点非常重要,因为许多评论人士援引“全球化的幽灵”来形容由于AI技术及其在海外商业模式中的部署而导致的制造业、工业和企业的经济转型。当然,许多来自学界和政界的思考都开始强调,随着众多国家的边境都通过智能机器实现自动化监管,全球数字经济已经变得“无国界”。人们常说,AI的崛起与全球化密不可分。事实确实如此,但我们必须看到,全球化也以复杂、矛盾和不均衡的方式将人类、智能机器和自动化技术联系在一起。需要认识到AI既是全球化的条件,也是全球化的结果,必须在适当的背景下加以考虑。

许多研究仅仅把全球化看作一种经济现象。从这个角度来看,全球化包括经济活动和金融市场跨国界的一体化。还有一些分析强调,全球化是经济新自由主义、私有化、放松管制以及金融投机的驱动因素,是跨国公司在全球经济的无国界流动中得到的结晶[11]。很明显,这样一种全球化的景象很容易把 AI 理解成 IBM、亚马逊、谷歌、微软和阿里巴巴等公司活动的结果。其他学者认为,全球化是美国化的同义词。在这里,AI 代表着由强大的行动者、学术研究机构、工业实验室、行政实体和政治力量推动世界美国化所带来的一系列效应。正如本书将要谈到的,许多 AI 研究确实是由美国政府,尤其是美国国防部资助的。例如,美国国防高级研究计划局(DARPA)扮演的重要角色,在 20 世纪 60 年代 DARPA 投入数百万美元在麻省理工学院(MIT)、卡内基梅隆大学(Carnegie Mellon University)和斯坦福大学(Stanford University)建立 AI 实验室,以及包括斯坦福国际研究所(SRI-International)在内的商业 AI 实验室。正如第 3 章中详细讨论的,美国国防部对数字革命的影响是巨大的,并由此带来了 AI 新兴市场在全球的发展。

所以我们回到了这个重大问题上,到底是谁授权了 20 世纪 50 年代和 60 年代启动的重大 AI 项目?谁在为 AI 研究的关键突破买单?这些早期的组织提倡和加强了什么形式的权力?尽管 AI 的研发史清楚地表明,民族国家(尤其是美国,一定程度上也包括英国)以及大型跨国公司是主要参与者,但它们之间存在较多的利益分歧。然而,在民族国家和跨国公司之外,AI 的另一个维度与世界军事秩序相关。了解战争技术产业化与军事组织自动化之间的关系,以及 AI 技术流动的方向,对于把握 AI 的全球化具有重要意义。本书试图用“算法现代性”这一术语,从制度层面强调这些问题。该术语的构建参考了贯穿全书的多个领域的内容,包括先进资本主义的运作方式、生活方式的变化、社会不平等与监控。然而目前值得注意的是,AI 领域许多早期的成功,以及一些重大失败,都可以追溯到军事力量与自动化智能机器开发之间的交集。

有些人认为,AI 兴起的直接原因是西方面临着苏联共产主义和冷战的挑战。当然,在世界政治中建立军事主导地位的整体需求,意味着冷战期间美国军方开始寻求将俄语和其他语言的文件自动翻译成英文的方法。这种需求带来了国家对机器翻译研究的大量投资。AI 研究经费增加的最初阶段大约在 20 世纪 50 年代末 60 年代初,当时全球政治、经济、军事领域发生了一系列变化,这对于构建更好的智能机器和先进的 AI 系统至关重要。

第一,苏联在 1957 年发射了第一颗人造地球卫星斯普特尼克(Sputnik),给美国人带来了重大冲击。除此之外,同年苏联发射了斯普特尼克 2 号宇宙飞船,并将一条名为莱卡(Laika)的狗送入轨道,在整个西方世界引起了巨大反响。太空未来可能被苏联成功殖民的忧患意识促使美国大幅增加在科学、技术和研究方面的开支,包括军事和相关领域。

第二,美国中央情报局、国家科学基金会以及国防部等机构在 AI 领域启动了对机器翻译、语音识别等一系列新型研究的资助。这种日益由国防驱动的创新研究体系大大加速了自动化的进程,带来了机器智能领域的突破。

第三,在 20 世纪 60 年代国家主导 AI 研究期间,自动化机器智能在社会技术和文化两个领域产生了多种转变,涉及前景、能力和声望等方面。例如,1962 年美国高级研究计划局(ARPA)成立,目的是确保美国成为第一个登上月球的国家。然而,在太空竞赛之外,这个机构也带来了其他足以改变世界的贡献,其中最著名的突破是由约瑟夫·利克莱德(J. C. R. Licklider)领导的先进计算和自动化系统架构。作为一名对数学和机械工程充满激情的心理学家,利克莱德在五角大楼工作,他支持多个 AI 研究项目以及相关高级计算领域的突破,寻求将 ARPA(也就是后来的 DARPA,1972 年在名称前增加了"D")的研究扩展到有限的军事应用领域之外。作为网络研究人员和技术人员的主要联络人,利克莱德授权支持许多项目,包括约翰·麦卡锡(John McCarthy)的工作,以及卡内基梅隆大学、斯坦福国际研究所和兰德公司的项目。他的主要贡献在于开发了一个计算机网络,将这些相关工作人员和研究项目连接在一起。这些最初起源于多路存取计算(MAC)的项目,最终发展形成了阿帕(ARPA)网。阿帕网是一种计算网络,它实际上是因特网和万维网的先驱。正是这些想法和发明奠定了利克莱德在 AI 历史上的重要地位。在利克莱德 1960 年的论文《人机共生》(*Man-Computer Symbiosis*)中,他对设想的数字化转型进行了生动的描述。这是一个巨大的进步,超越了图灵的理念,以至于有一天机器都可能这样认为。相比之下,利克莱德的愿景主要是实现直观的交互计算,即人机交互。在引人注目的思想史著作《梦想机器》(*The Dream Machine*))中,米歇尔·沃尔德罗普(M. Mitchell Waldrop)这样评价利克莱德:

他的独到之处在于,把对人类的深刻理解带到了 AI 领域。作为一名实验心理学家,他发现人类的感知能力、适应能力、选择能力,以

及设计出全新的方法解决当前棘手问题的能力和计算机执行算法的能力一样精妙，一样有价值。这就是为什么对他而言，真正的挑战在于使计算机适应于使用者，从而使双方能力相得益彰。[12]

在谈论到交互性、技术性接口、去中心化和连接性方面的贡献时，可以说利克莱德在很多方面塑造了我们今天所知道的 AI。

1.3　复杂系统、智能自动化与监控

人们有时会听到这样一种观点，即 AI 行业——从硅谷到深圳的科技巨头——都不在意批评。很长一段时间里，AI 作为一种全球产业，一直饱受争议，例如 AI 可能控制什么；这却同时完全限制了人们反过来思考另一些问题，包括新技术可能如何被其他经济大国和政治力量控制。尽管 AI 行业的领导人热情参与消费社会，却在控制、权力和剥削等问题上一直保持沉默。回顾过去，我们可以说 AI 无论是在产业内部还是外部，经常呈现为一个中立的对象。面对这种传播形象或中立化的趋势，关键的问题在于：在 AI 的讨论中重新加入对权力和控制的解读意味着什么？大家已经普遍接受把 AI 与全球化相关联的观念。科学、技术和自动化智能机器在 AI 的全球化中更普遍地发挥着基础性作用。然而，AI 是在相互关联的复杂系统的基础上发展起来的，本书试图从制度层面重新定义相关问题。AI 的整体方向是构建一种复杂的指令系统，实现一系列自动行为，然而系统既具有

健壮性也存在脆弱性。许多评论强调AI导致了当代社会动态变化的复杂度呈指数级增长，但这种说法往往存在误导性，因为AI也能够长期促进社会技术系统的稳定。相反，关键在于AI一方面促进形成了可靠的结构和持久的系统，另一方面又使一些复杂系统分解、崩溃和消失。掌握AI是如何与具备动态性、流程性和不可预测性的复杂系统进行交互是非常重要的，这有助于我们理解智能机器本质上营造了一种力场，一个具有冲突性和强迫性的领域。在这个领域中，力量和控制权被生产、复制和转化。

本书对复杂性理论的一些核心理念进行了阐述，见第4章。在试图展示通过AI实现的权力和利益时，有必要描述AI中的复杂系统。在20世纪和21世纪，一系列相互关联的复杂系统用于创建AI的核心领域，它们独立于经济、政治、工业和军事力量，每个系统为AI在当代世界的进步提供相应的资源。相互关联的复杂系统，正如第4章详细阐述的，包括：

(1) AI在研究和创新、工业和企业、技术和消费品领域的规模、范围和扩展性；

(2) 新旧技术之间复杂的相互作用，以及现有技术在AI和自动智能机器领域众多模式中的延续或转变；

(3) AI的全球化以及AI技术、产业在高科技数字城市中的中心地位；

(4) AI在现代机构和日常生活中的加速普及；

(5) AI在技术性和社会性上同时具有的复杂化趋势；

(6) AI技术对生活方式、个人生活和自我的影响；

（7）AI 监控技术带来的权力变化。

AI 已经嵌入了当代由经济、社会、政治、物质和技术所构成的复杂系统。正如本书展示的，AI 不应该被简化为独立的“因素”或“过程”。没有复杂系统就没有自动化的智能机器。最终，AI 将成为一个具有变化性、不可预测性、创新性和可逆性的领域。AI 中相互关联的复杂系统不断地改变、演化和自组织。

在 21 世纪初，曾有过两次关于技术、社会以及世界秩序整体状况的大讨论。一次是关于社会甚至是文化、政治可能实现的“自治”，另一次讨论的是技术系统广泛而巨大的变化，有时也被称为即将到来的 AI 革命。AI 经常被认为是当前社会的一种发展道路，一些批评者认为现有社会在政治上受到限制，而另一些人则认为它存在根本性的缺陷。支撑 AI 技术产生惊人进步的新型复杂系统，则往往被描绘成通往更美好、更公平世界的乌托邦之路。AI 的进步，尤其是强大的预测算法，预示着世界的数字化程度将会越来越高。根据一些批评人士的说法，AI 只有数学上的精确性。然而，如果回归到复杂性理论，事情就不是那么精确了。强调精度或控制（对人、系统、社会）的乌托邦式预测，却没有预料到这样的结果：即使是所谓的精确的 AI 技术性干预，也可能会产生、难以预料的或大相径庭的影响。其中一个原因是“蝴蝶效应”，即微小的力场变化会引发潜在的重大影响。1972 年，爱德华·洛伦兹（Edward Lorenz）提出了这样一个问题：“巴西的一只蝴蝶扇动一下翅膀，会引发得克萨斯州的龙卷风吗？”洛伦兹一直在研究天气预报的计算机建模，他发现某些系统——不仅是气象系统，还包括交通系统和运输系统——本质上是不稳定和不可预测的。尽管如今的新技术发生了巨大的转变,但一些批评人士援引蝴蝶效应理论(涉及极不可能和意想不到的事件)声称,AI 技术无论多么强大和先进,都将永远达不到预期的水平。詹姆斯·格莱克(James Gleick)在《混沌:创造新科学》(*Chaos:Making a New Science*)一书中谈道,AI 无法实现目标的精确控制,或者说,可控的精确度会因为测量中极小的误差而受到极大的影响。

以前有过讨论,即使计算分析也无法区分我们对未来的预测是正确还是错误的;而且如果采取行动,无论如何都注定会失败。我们的复杂世界,以及不透明的生活和社交,远比 AI 中的数学复杂得多,甚至混乱得多。然而,这并不意味着所有的预测算法都在一个自我参照的、封闭的技术领域中运行;尽管 AI 无法解释塑造社会事件和全球趋势的复杂原因,但这并不意味着自动化智能机器不会影响全球复杂性或者导致灾难性的变化。或许与其谈论 AI 的长期目标——控制精度,或者精确控制,谈论算法级联可能更有价值。后者是一个永无止境的、永不完整的、开放性的、未完成的过程,借此过程人机交互的影响会迅速传播;在相互依存的全球系统中,这是不可逆转的,而且通常是混乱的。这些算法级联可能包括突然切换、突然崩溃、系统跳闸、相位变化或混沌点。近期这种算法级联的例子是自动化武器系统的快速军事化,例如寄生虫无人机(UAV)。这种无人机实际上是微型飞行传感器,它具有处理信息的自动操作算法,能够极大地影响民族国家的暴力垄断,并有助于新型战争样式的普及。在医疗、教育、社会福利以及就业等各个领域都可以找到这种类似的算法级联。关键在于,随着算法级联的出现和普及,新的不确定性“云”出现了。

这种AI驱动的变化是非线性的,因果之间没有简单的联系。此外,算法级联不会对社会组织、系统的复杂性或者混乱的反馈循环造成增益或损伤;确切地说,它是复杂的全局变量中新增的一个维度,而且非但没有使事态变得明朗,反而火上浇油。

"相互依赖的复杂系统"这一术语可能会引起误解,因为它使人们联想到不近人情的、冷漠的行政管理,或者计算机相关的技术领域。正如我们将会发现的,在讨论技术创新时,人们往往倾向于假设AI能够实现个体的"增益",并在生活方式、事业、家庭和更广泛的社会互动中发挥作用。这也许在某些微不足道的层面上是正确的,但他们往往忽略了AI技术同样在支持深刻的文化身份的转变。智能手机、自动驾驶汽车、自动化办公环境、聊天机器人、人脸识别技术、无人机,以及现在整合形成的"智慧城市",重新定义了做事方式和活动形式,从而重新塑造了人格。例如,想想智能手机。人们到底是拥有了这些智能机器,还是完全融入了机器?我们所见的,正如利克莱德谈到的"人机共生"。虽然我们不能再以这样一种普遍的方式来评价人类,但利克莱德的整体论点是能够立得住脚的。本书的观点是,对AI技术的批判性理解需要重新评判它所孕育的各类主体;而从整体上把握新涌现的文化身份,也必须阐明它与AI和自动化机器之间的关系。但是,我们必须再次看到,全新的个人身份或生活方式的出现并不仅取决于个人偏好或消费者选择,这与许多AI文化相关的讨论中假设的情况不尽相同。

这就引出了相互依赖的复杂系统。AI不仅是简单地具备"外在性",它也具有"内在性"。AI技术侵入了我们生活的核心,深刻影响了个人身份,并重构了社会互动的方式。也就是说,AI 有力地影响着我们的生活方式、工作方式、社交方式、营造亲密的方式,以及公共和私人生活的方方面面。但这并不是说,AI 只是一项私人事务。如果 AI 能培育出新的文化身份,这些新兴身份的算法形式就会被结构化、网络化处理,并融入技术经济中。也就是说,如今文化身份的算法转型与相互依赖的复杂系统交织在一起。

如果 AI 进入了个人生活和自我领域,一个尤为突出的发展就是日常生活领域的自动化程度不断提高。“自动化社会”和“自动化生活”紧密地交织在一起。在当代的算法社会中,生活方式和经验领域的自动化是由一种显然不可战胜的社会技术驱动力推进的。从这个意义上说,自动化几乎对所有人都产生了深刻的变革性影响,这种现象带来了正反两方面的结果。从积极的方面来看,自动化生活的前景包括效率显著提高和新的自由体验。例如,在医疗领域,现在越来越多的人穿戴自我跟踪设备,这些设备监测他们的身体,并可提供睡眠模式、能量消耗、心跳和其他健康信息的数据。患者佩戴的医疗传感器可以为医疗从业人员提供生物特征信息,例如检测糖尿病患者的血糖,这对慢性病的治疗至关重要。医学成像技术的进步促进了世界各地的医院和医生之间数据的自动交换。医疗机器人可以在距离和时差不确定的条件下使用实时数据收集装置进行操作。教育领域也出现了一系列类似的进展。利用实时语言翻译应用(如微软团队和 OneNote),国际合作项目现在可以保障研究人员和学生在世界上任何地方进行交流。各种在线高等教育机构已经提出了个性化学习方案,利用 AI 调整教学方式和教学材料,让学生按照自己的节奏学习。如今，普遍应用的自动化评分软件将教师从重复的评估测试中解放出来，为教育工作者节约时间，以便更有创造性地与学生合作。

这样的发展具有显著的优势，许多评论者认为智能算法机器为公共服务提供了一致性和客观性，从而为整个社会创造了巨大的利益。有人认为，自动化系统还为日常生活中的许多常规任务带来了革命性的变化。AI已用于自动制作个性化邮件，并撰写推特或博客文章。将气候控制和个人安保系统等纳入统一考虑，智慧住宅直接营造自动化的环境。在工作中，专业人士和高级管理人员越来越多地利用自动化工具做出决策，包括向下属分配任务，以及对其表现进行评估。在零售业，消费者扫描条形码，用智能手机在收银台付款，预定产品和安排送货，整个流程无须与商店员工互动；不断上升的客户期望和相关投诉都由自动化的客服服务中心处理。事实上，AI的崛起重塑了人们的日常生活，斯坦福大学的计算机科学家约翰·科扎（John Koza）将这个时代称为“发明自动化机器”的时代。科扎强调了一个世界的到来，在这个世界里，智能算法不仅能复制现有的商业设计，还能“跳出思维定势”，创造生活方式的新选项，并将消费者的生活推向全新的方向。

最近数据采集和分析需求的爆炸式增长，不仅反映了每个人在生活方式、身份政治等领域面临的挑战，也体现了相关体制向监控领域转型的现实。随着数字监控的兴起，人们需要对越来越多的数据进行收集、整理和编码，尤其是个人数据；这引发了许多有趣的问题。一方面，支持AI技术在当代应用的隐性假设是什么？另一方面，数据所有权的问题是什么？人们是否有理由担心，对公共和私人数据的收集——无论是来自企业还是政府——似乎越来越具有侵犯性？企业如何利用 AI 技术操纵消费者的选择？政府部署的 AI 设备对公民有何影响？现阶段的 AI 对人权的内在影响是什么？如何利用 AI 和其他技术来应对人们因种族、年龄、性别和其他特征而遭遇不公平对待的问题？在当代世界，个人经验密切相关的领域中开展的数据收集活动与权力性质的变化有什么联系？第 7 章对这些问题进行了讨论。

从制度层面来看，数字监控的某些内在趋势是十分明显的。目前“监控”指的是两种相关联的权力形式。一是“海量数据”或“大数据”的积累，基于数据的来源，它可以用于影响、重塑、组织和转变个人或社区的活动。从消费者行为的预测分析到对各种少数群体的跟踪和刻画，AI 已经与这种数据编码密不可分。数据追踪的自动化程度越来越高，以至于许多批评人士发出警告，当代人权已经被侵蚀、破坏，甚至可能崩溃。布鲁斯·施奈尔(Bruce Schneier)在《数据与歌利亚》(*Data and Goliath*)一书中指出，企业和政府具备前所未有的能力，可以扩大公民、消费者和社区相关数据的可用范围。例如，谷歌、脸书、威瑞森和雅虎等科技巨头的数据收集模式；如此庞大的与个人生活相关的数据越来越多地用于创造利润，以及未来的商业和管理价值。因此，数字监控不仅对 AI 驱动的数据知识经济至关重要，对政府机构和相关国家行为体也是如此。

数字监控的另一个方面是有权势的代理人或机构对某些个人或社会团体活动的控制。在 AI 驱动的社会中，数字技术的部署实现了受控活动的信息集中，可以通过一定时间的连续监视来观察、跟踪、记录和控制他人。正如第 7 章中会详细讨论的，一些批评人士遵循米歇尔·福柯(Michel Foucault)所选择的杰里米·边沁(Jeremy Bentham)的“圆形监狱”作为社会权力关系的原型——如今数字现实中公司办公室的“囚犯”,或者24小时受到监控的私人住宅,可以说是圆形监狱的另一种形式。某些技术性监控——从装有面部识别软件的中心闭路电视摄像头,到通过互联网搜索引擎实现的自动数据跟踪——强化了数字监控越来越无处不在、无所不能的观念。

然而,事实上在算法现代化过程中,数据通常是流动的、混乱的,而且出现了许多形式的内部流通和分散的监控权竞争,通过数字监控来控制社会活动并不是完整景象。这种发展也并没有实现福柯的追随者们所预想的那样,由全景监控推动数字化监控技术的进步。相反,在如今不受管制的数字技术网络和平台中,用户与他人共享信息,上传详细的个人信息,利用标签和检索来下载云计算数据库中的数据,以及大量其他有助于密集网络的生成、复制、转型的行为,称为“无组织的监控”。我们应该理解,那种有组织的、上层控制的、圆形监狱式的管理监控规则正在逐步被淘汰。无组织的监控与其说是上级对下属活动的控制,不如说是在自动智能机器的共同作用下,人们对自我和他人的分散式、流动式的监控。

注 释

[1] 主流的AI历史叙事之外有一些特例,这些有关AI的另一种历史也做出了重要贡献.Genevieve Bell在这方面的工作具有特殊的意义.参见Paul Dourish and Genevieve Bell, '"Resistance is Futile": Reading Science Fiction and Ubiquitous Computing', Personal and

Ubiquitous Computing, 18 (4), 2014, pp. 769 - 78; and Genevieve Bell, 'Making Life: A Brief History of Human-Robot Interaction', Consumption Markets & Culture, 21 (1), 2017, pp. 1-20.近期,澳大利亚历史学家 Marnie Hughes-Warrington 对历史中的机器进行研究,这是对技术史进行另一种解读开展的重要尝试。同时参见一套有趣的文集 Jessica Riskin (ed.), Genesis Redux, University of Chicago Press, 2017,尤其是第 2 和第 3 部分.

[2] 参见 Jerry Kaplan, Artificial Intelligence: What Everyone Needs to Know, Oxford University Press, 2016.

[3] J. McCarthy, M. L. Minsky, N. Rochester and C. E. Shannon, 'A Proposal for the Dartmouth Summer Research Project on Artificial Intelligence', 31 August 1955: http://raysolomonoff. com/dartmouth/boxa/dart564props. pdf.

[4] 参见 Nils J. Nilsson, The Quest for Artificial Intelligence: A History of Ideas and Achievements, Cambridge University Press, 2010.

[5] 参见 Ibn al-Razzaz al-Jazari, The Book of Knowledge of Ingenious Mechanical Devices, trans. Donald R. Hill, Springer, 1979.

[6] 参见 Kevin LaGrandeur, 'The Persistent Peril of the Artificial Slave', Science Fiction Studies, 38, 2011, pp. 232-51.

[7] 参见'The Fall of "Old Brass Brains"', Product Engineering, 41 (1-6), 1970, p. 98.

[8] Alan M. Turing, 'I. Computing Machinery and Intelligence', Mind, LIX (236), 1950, pp. 433-60.

[9] John Searle, 'The Chinese Room', in R. A. Wilson and F. Keil (eds.), The MIT Encyclopedia of the Cognitive Sciences, MIT Press, 1999, p. 115.

[10] Susan Schneider, Artificial You: AI and the Future of Your Mind, Princeton University Press, 2019, pp. 11-12.

[11] 关于全球化形成一种多维度制度力量的论述,参考 David Held et al., Global Transformations, Polity, 1999.

[12] M. Mitchell Waldrop, The Dream Machine: J. C. R. Licklider and the Revolution That Made Computing Personal, Stripe Press, 2018, p. 12.

第 2 章

领会 AI

AI 的崛起在全球引发了巨大争议,涉及大学、智库、工业界与商业界。对许多人来说,AI 的概念本身就引发了警觉。AI 的发展对就业、企业和工业制造构成了重大威胁,并引发了许多蔓延到其他生活领域的焦虑。自动化系统变得越强大,就有越多人担心 AI 有一天可能导致人类灭绝或者造成其他不可逆转的全球性灾难。在这些情境下,AI 的崛起可能是灾难性的。此时,AI 等同于世界末日般的未来社会。人们的另一种反应(尽管观点非常不同)则是更加积极地看待这些技术突破。他们主要关注新的可能性、希望,并梦想一个更美好的世界。从表面上看,AI 是一种科学的突破,因此为重塑当今的经济、社会和政治提供了重大的机遇。在这种情况下,即将到来的 AI 革命预示着一个新时代的到来,这个时代将从根本上改变人们的日常习惯和他们所生活的世界。AI是生产的新型驱动力,将产生新的经济增长源,改变人们的工作方式,并显著促进全球企业的发展。

这些观念之间的差异,以及涉及的经济和社会利益都是巨大的。然而,从这些争议中可以清楚地看到,人们对于AI将产生什么结果并没有形成统一的认识。相反,不同的阐释与理论都在争夺公众的关注。报道AI最新发展的报纸、杂志、广播和电视节目更加突出了各种观点和争论,却很少有人试图解决关于智能机器崛起的巨大争议。现有的政策框架或政治传统也不能正确地理解AI,或对其做出有效回应。其中一个原因是保守主义、自由主义和社会主义等政治传统以不同的方式与工业现代化的社会、经济和政治思想交叉联系在一起。这也许就是为什么人们常常狭隘地理解AI的影响,例如仅仅从经济的角度来看待问题。然而,正是与AI相关的技术打破了既定的正统经济观念和政治模式,引发了新的社会变化和有力的全球变革。

我们必须系统性地理解AI产生的结果,包括它对我们的经济和社会的影响,以及它未来的可能性。关于AI及其结果的多种对立性假设、解释和理论围绕着两条论证线展开。第一种论证称为怀疑主义者立场。持怀疑态度的人如今只占少数,却很大程度上影响了公众和政策制定者对AI及其影响的思考。简而言之,怀疑主义者认为,AI革命的说法有些言过其实。对于他们而言,人们只是经常利用AI来解释当今世界各地发生的复杂制度变革,而这些变化实际上是与国际经济、职场变化和地缘政治有关。与之相对的第二种论证,称之为变革主义者立场。变革主义者认为,AI革命正在创造一个全新的世界。这是一个新时代的开端,在这个时代中,经济、社会和政治力量相互交织,引领着新的方向。从这个角度看,AI有力地打破了传统的行为方式,形成了新的经济状况、社会分化和政治联盟。

2.1　两种理论观点:怀疑主义者与变革主义者

2.1.1　怀疑主义者

在智能机器时代,AI的怀疑主义者主要关注的是许多夸大其词的技术创新和科学进步。许多怀疑主义者认为,AI的进程并不能揭示真正重塑我们生活水平和人类未来可能性的技术力量,反而混淆了社会、经济和政治变革方面的实际情况。大体上,AI的进程只是用于解释复杂的当代问题——尤其是那些源于职场变化、国际经济一体化和地缘政治的问题。简而言之,怀疑主义者认为伟大的AI革命只不过是“炒作”。从这个角度来看,关于AI的讨论是某些科技公司牟取利益的一种方式,包括谷歌、雅虎、脸书、苹果和亚马逊。怀疑主义者谴责AI实际上成为了一种伪装、幻觉,或是用于逃避、扭曲现实的手段。在这方面,AI作为核心意识形态,实现了指数级的产业增长、前所未有的运行速度和复杂度,甚至被解构为“神话”,并通过企业和政府权力限定当代社会实践。许多批评家、专家和技术反对人士把AI的正面论点宣扬为炒作或神话,试图揭穿智能机器崛起的真相。因此出现了一系列持怀疑态度的书,包括鲍勃·塞登斯蒂克(Bob Seidensticker)的《未来炒作:技术变革的神话》(*Future Hype:The Myths of Technological Change*)、杰玛·米尔恩(Gemma Milne)的《烟雾与镜子:炒作如何遮蔽未来,我们如何看待过去》(*Smoke and Miorors:How Hype Obscures the Future and How to See Past It*)以及罗伯特·埃利奥特·史密斯(Robert Elliott Smith)的《机器之内:算法的偏见》(*Inside the Machine:The Prejudice of Algorithms*)。他们试图揭示这样的事实:真实世界中科技对日常生活的贡献,远远低于人们通常所以为的AI炒作中宣传的程度。

怀疑主义者坚称AI是一种建立在炒作基础上的文化,这其中也夹杂着一丝预感与怀旧之情。首先,智能算法、深度学习、神经网络和智能机器的高度复杂性,对许多正统的经济学思想、尤其是对个人主义者创造的美国梦而言,代表着一种羞辱。AI的突破会引发某些圈层的反应,其中“人工”这个词本身就会引起恐慌。怀疑主义者认为,将人工机器思维提升为经济和社会的某种理念,只能以降低人类决策水平为代价。另一个因素是,怀疑主义者的著作中充斥着大量对如今流行的智能机器的贬低。从这个角度看,所谓驱动智能技术的复杂算法证明了机器智能的先进性(例如苹果的Siri或亚马逊的Alexa,甚至是支持自动驾驶汽车的计算智能)的观点,远比如今的争论中所认识到的问题更值得怀疑。值得注意的是,怀疑主义者很少以任何系统的方式提出这种批评,而且在很大程度上回避了数字化影响当代世界经济和制造业转型的这一更宏大的问题。

其他怀疑主义者,则不仅仅是从市场营销或炒作的角度,而是从更为广泛的文化或哲学角度对AI进行评价;结论是我们生活在一个智力下降的时代。正如杰伦·拉尼尔(Jaron Lanier)在《你不是个小玩意》(*You Are Nota Gadget*)一书中指出的那样,我们的担忧和焦虑反映了未来技术的普及可能会将人类排除在外的隐患[1]。从这个角度来看,技术文化(从社会网络到复杂的算法)是一种价值观和意识形态的综合体,它们危及人类的智力,以及与人文主义相关的生活方式。因此,"人工"智能的膨胀是后人文主义时代的一部分,在这个时代,人类有可能迷失在技术本身的算法信仰中。这种怀疑主义的核心观点是,AI 是人与机器的绝对融合。AI 用于表达一种不断扩大的技术文化,这种文化试图超越人类个体的日常事务。AI 为了自身的利益操纵现实,而真实世界成为了存在于算法文化中的美丽新世界,这个世界为了自身的利益会剥夺自我所有的内在性。

从这些学说中不难看出悲观主义的普遍影响。从某种意义上说,这不仅代表了对可能即将到来的 AI 黄金时代的怀疑,也更具普遍性地代表了对社会可以通过"技术进步"进行改善的深刻怀疑。从这个角度看,我们以技术为中心的未来观点——从自动驾驶汽车到 AI 驱动的大城市——显示了一种可悲的失败,即没有考虑到人类智能的优点和人类本质的创造力。可以说,这一点在高级自动化领域表现得最为明显。一些批评人士断言,高级自动化对人类技能和认知能力的漠视是前所未有的。曾任《哈佛商业评论》(*Harvard Business Review*)编辑的尼古拉斯·卡尔(Nicholas Carr)是最具影响力的作家之一,他认为自动化发展带来的风险被严重低估。在《玻璃笼子:自动化与我们》(*In the Glass Cage:Automation and Us*)一书中,卡尔认为,自动化真正的不足之处在于它对于人类自主性的侵蚀程度[2]。这同样是他长时间内写作的主题,可以追溯到 2007 年他在《大西洋月刊》(*The Atlantic*)上发表的一篇文章《谷歌会使我们变笨吗?》(*Is Google Making Us Stupid*?)。他说道,经济和社会的自动化是一把双刃剑:一方面带来了意想不到的机会和新的自由,另一方面也损害了人类的专业性,很大程度上让男人和女人们的技能退化。这一矛盾是卡尔在广为讨论的2009年"法航447"航班事件中发现的。该航班在从里约热内卢飞往巴黎的途中坠入大西洋,机上所有人遇难。当时飞机卷入了一场强大的风暴,自动驾驶系统失效了,之后机组人员试图重新控制飞机,却由于更为复杂的情况导致了失败。卡尔认为,这一灾难性的故障发生的原因是飞行员过度依赖自动驾驶系统,一旦系统失效,他们就无法控制飞机。这种极度的技能退化效应在其他领域也被称为"人工智障"[3]。

面对AI的崛起,一种怀疑的态度是把整体现象归纳为某个范畴的神话;还有一种则是将AI技术视为技术价值的一种特定选择,这一选择削弱了人类的能力;还有第三种态度,它更为犀利地阐明了AI对经济和社会的影响。从第三种角度来看,AI既没有脱离经济和社会,也没有与它们完全交织在一起。AI更像是一种技术门槛,它造就了社会机遇,也提高了经济风险。持这一观点的学者们认为,AI的影响并不显著,至少需要相当长的一段时间(可能数十年)才能完全显现。人们应该关注AI革命吗?许多怀疑主义者说"不"。他们会深究什么才是AI的"革命性"?怀疑主义者认为技术并不等同于变革,并提出了职场变革的概念。这一概念直接关注员工适应性的增强、技能的提升、经济效率和组织结构的创新[4],并将人才与技术紧密地联系在一起。职场生产率、员工技能以及适应技术变化创新模式等方面一度在社会中占据重要地位，怀疑主义者为这一地位的延续提供了论据。从这个角度来看，AI广泛传播的创新与实际工作世界之间的需求存在明显的脱节。在工作世界中，员工在大多数情况下会适应新技术，并找到持续提升能力的机会。

因此，这种怀疑主义强调的是拥有某种技术的人在适应、调整和重组过程中产生的文化反应。认为AI会导致一种社会经济系统突然转向另一种经济系统（例如，工业制造转向以数字化为核心的新行业）的观点被否认了。为了理解其中的原因，一些著名的经济历史学家认为，必须根据历史变化的长期模式来评估AI[5]。从这一更宏大的视角来看，我们可以更好地理解为什么AI不太可能引发历史性的彻底分裂。许多怀疑主义者认为，过去和现在的技术创新力量存在动态的关联关系，这为现有经济力量和工业生产会持续保持中心地位提供了一种论证。现代化，尤其是农业机械化，并没有破坏现代条件下的经济和社会交流，那么为什么AI的技术创新会有所不同呢？只有从历史的角度来看待经济和社会，才能真正具备洞见，捕捉到职场变革中政治斗争的长期趋势，并形成一种整体性认知，即技术创新总体上能够创造多于它所摧毁的工作岗位。这并不是否认社会变革或经济活力的潜力。但是，如果把技术变革和经济生产力看作是相互关联的，从而强化就业的中心地位，那么这种被广泛认为是激进的或变革性的创新实际上可能更加持续或稳定。简而言之，在AI时代，技术驱动的创新可能会创造更多的就业岗位和薪资增长[6]。或许，怀疑主义者是这么认为的。

上述怀疑主义者有关AI的三个截然不同的立场，与相关人士对技术及其经济性和社会性影响的观点有关。根据这些怀疑主义的解释,技术的发展既与历史进步的进程相一致,也与历史进步相违背。但他们认为,除非从文化和更广泛的、深思熟虑的人类行为体的反应中获得某种线索,否则技术创新层面的任何事物都无法改变经济。对于许多怀疑主义者来说,AI 之所以令人不安,是因为 AI 带来的技术进步很大程度上是人们意料之外的,让世界措手不及。通过将 AI 与现代化相关的工业实践牢牢地绑定,怀疑主义者得出结论,AI 本身作为社会秩序的产品,不太可能对秩序本身产生任何重大或持久的影响。简而言之,经济和社会领域会一如往常。在某种程度上,这三种不同的观点却都承认,我们今天所见证的是新旧生产、制造技术之间的显著差异。然而,怀疑主义者认为所谓 AI 消除了现实世界和数字世界之间界限的观点存在内在缺陷。由此可见,这三种怀疑性观点还涉及某些与 AI 产生关联的领域。在怀疑主义者看来,AI 创造一种新的生活方式(改变生活模式)的想法,只是一场旨在促进科技公司获取商业利益的大规模公关活动。类似地,关于智能机器能够越来越多地执行人类独有领域的任务的观点,也没有得到怀疑主义者的支持。

小结 2.1　怀疑主义者

1. 怀疑主义者在一定程度上承认,AI 正在席卷各行各业和公共生活,但并不能被视为具有革命性。相反,“没有重大改变”是他们的口号。
2. 对于许多怀疑主义者来说,AI 确实是一种变革性力量,只不过被重塑为营销炒作或神话。
3. 怀疑主义者提出的是一种商业模式:一方面包含技术进步,另一方面包含劳动力的适应性,它并不是一个由 AI 驱动的已经转型的世界经济模式。

4. 现在强调的职场变化涉及人与机器、员工与技术的双重力量。
5. 人们默认AI对某些工作造成了风险(据怀疑主义者称,这些大多是常规的、非技术性的工作),但总体而言,AI创造的就业岗位将多于它摧毁的数量。
6. AI的突破可能会对社会、文化和日常生活产生一些影响,特别是全球化的通信力量。尽管如此,AI主要涉及一个技术性过程,它以有限和局部的方式影响经济。
7. 对于许多怀疑主义者而言,传统经济力量是至高无上的,国家、社会的行动也很重要。因此,AI的全球化取决于这些国家和经济因素。

2.1.2　变革主义者

相比之下,当前在一种称为变革主义的文化实验中,形成了一种非常不同的阐释。怀疑主义者认为,AI是炒作的同义词,或者是科技公司的一种手段,然而变革主义者拒绝接受这种说法。虽然他们也认为关于AI的某些说法过于夸大其词,但变革主义者强调,AI代表了世界范围内经济组织和社会关系领域一种更深层次的技术变革。他们认为,从先进自动化设备、超级计算机、3D打印、工业4.0和物联网的崛起中,可以看出这一点。AI技术,包括机器人技术和部署深度学习、神经网络、机器决策和模式识别的先进数字系统,已经催生了一个智能机器时代,这些机器越来越能够感知自身的环境,进行思考和学习,并对数据做出反应。神经网络大致是一种模拟人脑的机器学习模型,由深度分层的处理节点组成。神经网络的崛起对增强基于AI的经济与社会尤为重要。如今,AI中已经包含了越来越多的东西,包括私人生活和自我在内的每一种事物,似乎都从根本上受到了自学习算法的影响。

这种变革主义观点的核心是强调受 AI 影响的社会关系。也就是说,与 AI 相关的技术被理解为不仅能够重塑机构和组织,还能重塑身份和亲密关系。另一种表达方式是,AI 革命不仅关乎经济,也关乎娱乐;不仅关乎金钱和制造业,也关乎意义与道德。因为在评估 AI 的影响时,生活方式的改变很可能对于专业领域和个人生活领域而言都十分重要。埃里克·布林约尔松(Erik Brynjolfsson)和安德鲁·麦卡菲(Andrew McAfee)在《第二次机器时代》(*The Second Machine Age*)一书中描述了这些巨大的变化:“计算机开始诊断疾病,与我们对话,撰写高质量的散文,同时机器人开始在仓库里奔忙,经过少量学习或不学习就能驾驶汽车。”[7] 布林约尔松和麦卡菲很好地捕捉了这一观点,即数字转型不仅关乎经济、工业和企业生活,而且至关重要地关乎社交、日常生活和权力。一言以蔽之,AI 的发展是具有衍生性的。数字革命创造了不同种类的工作和技能,并产生了不同于过去的生活方式。

怀疑主义者提出的采用“一如往常”的思路就能充分理解经济和社会的观点,受到了变革主义者们的质疑。因为数字力量对全球经济的广泛渗透,已经从根本上改变了它运行的动态过程。变革主义者通常强调数字革命的本质意义,即全球制造业和服务业变革的历史性时刻。这也包括在新技术革命之中找到当代全球化模式的定位,为此人们创造了各种令人眼花缭乱的术语来描述其中的重大转变,包括“工业 4.0”“数字资本主义”“算法治理”“机器人经济”和“自动化社会”。变革主义者的作品倾向于强调制造业与服务业,消费与公民,以及公共政策三个方面中的重大变化。根据其中的观点,在改变经济社会的状态与结果的过程中,AI、机器人和其他形式的自动化技术已经彻底改变了世界各地的公司运行、商业运作。机器学习算法特别是大数据的进步,支撑了商品和服务制造业的非凡创新,并造就了一批新行业;由此,就业领域受到了前所未有的冲击。智能软件以及更普遍的社交媒体的影响,已经显著改变了消费经济本身。与此同时,这些无与伦比的技术创新直接影响着伦理和治理问题。在认识到AI与就业、公共政策存在千丝万缕的联系之后,世界各国政府已寻求推出一系列措施,以积极参与数字革命。

如果你接受了这样一种观点,即AI涉及全球先进经济体和社会中制造业和服务业的转型,那么合乎逻辑的是,工作技能金字塔的底部也将出现大规模转变,这会在就业领域造成广泛影响,可能出现大规模失业。变革主义者认为,随着AI重组全球经济,蓝领和白领工作都会越来越少。然而,关于AI将对工作岗位和未来就业产生何种影响,变革主义者的解释是多层次和复杂的。一些变革主义者认为,自动化程度不断提高导致的经济性后果是显而易见的:在所有工业化国家,制造业中的劳动力比例将急剧下降。马丁·福特(Martin Ford)在《机器人的崛起》(*The Rise of the Robots*)一书中,将AI和自动化技术视为导致未来失业的威胁因素。从网真机器人到高端技能工作的数字化外包,福特看到了由AI驱动的无情的技术趋势,这将导致失业率上升和不平等的加剧[8]。传统的解决方案是增加教育和培训,使得工作人员更好地适应新的、具备更高端技能的角色;而福特另辟蹊径,他主张建立一种新的经济模式,这种模式建立在基本收入保障或者最低工资的基础上,同时鼓励冒险和创业。同样,理查德·鲍德温

(Richard Baldwin)在《全球巨变》(*The Globotics Upheaval*)一书中认为,数字技术的颠覆性影响无处不在,这会导致全球范围内工作岗位的流失达到前所未有的规模。然而,在鲍德温的变革主义叙事中,这些负面影响大多是短暂的,并可为自动化技术乐观的长期愿景开辟道路。他写道:

> 一旦我们度过难关,我认为 AI……是一件好事。人们的工作将会更有趣,因为所有的机械性重复工作都将由机器完成。可以远程完成的事情将被远程处理,人们只在必要时聚在一起。所以,我认为这最终将是一件非常非常好的事情。

变革主义者也在其他领域表现出了高度热情,特别是创造新就业机会方面。他们认为,自动化生产淘汰了工业制造业中的岗位。但是在相关论述中,还有一种观点认为,AI 的崛起创造了一系列极其广泛的连锁服务和工作岗位,尤其是“数字化工作”;而这反过来又催生了新的行业、企业甚至职业。正如多尔蒂(Paul R. Daugherty)和詹姆斯·威尔逊(H. James Wilson)在《人+机器:在 AI 时代再创工作》(*Human+Machine:Reimagining Work on the Age of AI*)一书中所言:“在当前这个业务流程不断改进的时代,AI 系统并没有取代我们,它们正在增强我们的技能,与我们合作,并实现前所未有的业绩增长。”[10]一些变革主义者认为,随着当今时代的发展,未来的工作越来越依赖于 AI 与人类的协作。从这个角度来看,人机混合团队能够极大地提高生产力,从而增加繁荣度。其他变革主义者强调,AI和机器学习算法(基于大数据)支撑着如今许多公司实现跨行业的扩张。这些发展推动公司获取新客户,巩固了员工保有率,并有助于创造新的就业机会。

现在我们对比一下变革主义者提出的两种以就业问题为中心的干预措施。首先是克劳斯·施瓦布(Klaus Schwab)撰写的、由世界经济论坛(施瓦布担任执行主席)出版的《第四次工业革命》(*The Fourth Industrial Revolution*)。此外是伯纳德·斯蒂格勒(Bernard Stiegler)的《自动化社会》(*Automatic Society*),其中第一卷副标题为《工作的未来》(*The Future of Work*)。一些评论人士注意到,施瓦布的作品具有一个显著特征,这可能与他对变革主义者立场的内在热情相关。施瓦布明确表示,制造业和服务业已经在顺利进行AI转型。他认为,数字革命正在造就"指数级的破坏性变化",这体现在如今的商业和组织生活中普及的先进机器人、机器学习、大数据技术和超级计算机。施瓦布认为数字革命(他称之为"第四次工业革命")的范围和规模是"人类前所未有的"[11]。然而,如果说施瓦布的变革主义观点在当代是显而易见的,他对AI的批评(至少在最初的阅读中)又是小心翼翼、不偏不倚的。以就业作为一个典型例子,施瓦布认为,AI为工商业带来了巨大的效率提升,同时降低了成本;但他也强调,正是这些发展带来了大规模的自动化工作岗位。一方面,他认同当前的技术创新以前所未有的规模摧毁了就业岗位;另一方面,他指出AI通过创造新的就业机会和未来产业,开启了一个繁荣的新时代。虽然他认为AI扰乱了世界各地的劳动力市场和工作环境,但他强调,在新型经济中,劳动者可以通过终身学习不断获取新技能、适应新岗位。

换言之,施瓦布的论述旨在同时体现 AI 所带来的惊人机遇和潜在风险。然而,在极端的情况下,他的分析方法没能摆脱一定程度的矛盾心理,就像每一个与数字革命相关的社会变化似乎都是通过两种逻辑来调和的。这可以说是一种想要"鱼与熊掌兼得"的矛盾。让位于一种更强大的变革主义者的敏感性,施瓦布在《第四次工业革命》(*The Fourth Industrial Revolution*)的后几节中并没有对 AI 的发展给出结论,反而保留了意见。正如他所述:

> 数字化思维使智能协作制度化,等级制度扁平化,能够构建鼓励新思想的环境,高度依赖于情商……这个世界正在快速变化、高度互联,甚至变得更加复杂和碎片化,但我们仍然可以通过一种有利于所有人的方式塑造我们的未来。现在正处于机会窗口内[12]。

最后,对于施瓦布而言,AI 是一件令人振奋的新鲜事物。他认为,AI 可能实现制度化,成为一种全球性的生活方式,会被欢迎而不是被谴责。

与这种商学院式的 AI 理解方法不同,伯纳德·斯蒂格勒(Bernard Stiegler)的《自动化社会》(*Automatic Society*)体现了激进的法国式理论。与施瓦布一样,斯蒂格勒认同 AI 革命已经来临。对于斯蒂伯格而言,AI 开创了一种"完全自动化"的社会新秩序,其中生产和制造由软件和大数据控制。但不像施瓦布那样总是追求不偏不倚,斯蒂格勒对 AI 所造成的经济、社会后果展开了全面而尖锐的批判。例如,他写到今天的“巨大转变”,即“资本主义成为纯粹的利益计算”;写到“广义自主与自主主义”,写到“算法治理”。受到吉尔·德勒兹(Gilles Deleuze)对“社会控制”的后结构主义分析的启发,斯蒂格勒试图解释由全自动化引起的思想与精神的短路——当代人类所体验的“震惊与错愕”。基于量子物理学,斯蒂格勒指出自动化社会越来越陷入熵(代表生命能量的耗散)和负熵(生命能量耗散过程的逆转或撤销)之间的矛盾关系。斯蒂格勒写道,“自动化带来了巨大的熵增,其规模之大以至于今天全世界的人们都怀疑它的未来——在年轻人中尤为如此”[13]。正如斯蒂格勒所言,谷歌翻译就是世界上语言熵增的一个很好的例子,因为机器瞬间将世界上的各种语言翻译为英语,导致了词汇的极度贫乏。谷歌的算法只是简化了个人和集体的语言使用。正如斯蒂格勒所敏锐指出的,危机的关键在于最广义的人类知识;即人们懂得如何在这个世界上思考、反省、交谈、沟通和行动。

如果说斯蒂格勒认为谷歌翻译代表着破坏性的语言熵增,那么社会中的算法自动化则代表着巨大的经济熵增。AI不仅解决了劳动力,而且完全自动化地完成任务,使得员工变得可有可无。这造成了专业技能的冗余。斯蒂格勒认为高级自动化会产生一种普遍的(经济和环境方面的)“超标准化混乱”——岗位和员工的价值都是由基于概率平均值的计算来决定的。斯蒂格勒写道,今天的工业资本主义时代是一个“计算凌驾于所有决策标准之上的时代,这个时代中算法和机器变成了逻辑自动化和行为自动化的具体产物……因为计算社会变成了一个自动化远程控制的社会”[14]。我们正处于一个技术变革过程的开端，而这一过程将对工作、专业经验和知识的本质产生重大影响——根据斯蒂格勒的说法，资本主义以24/7模式实行的算法治理将引发“熵增灾难”。

然而，新的技术愿景带来的也不只是灾厄与不祥。斯蒂格勒还试图从经济熵增中发现一个隐藏的趋势，用于扭转算法资本主义的破坏性影响。对斯蒂格勒来说，人类解放最重要的是使人与有意义的工作联系在一起，这与单纯的养家糊口有明显的区别。从这个角度看，工作从根本来说应该是有意义和有创造性的，而官僚性的就业领域正在推行自动化，并依赖于计算软件。从广义上来讲，他的观点是自动化的生产和转型反而为“社会的去自动化”铺平了道路。具有惊人讽刺意味的是，与自动化熵绑定的岗位也包含了“去自动化”的曙光，这可以把大多数人从剥削统治中解放出来。如果就业正日益成为高级自动化、复杂算法和计算软件的领域，那么工作也能在另一方面为社会创造价值和新事物。从这个角度看，斯蒂格勒强调工作应该涵盖实用的技能，正式的知识以及生活技巧。因此，“数据经济”并非自动化社会的必然命运；可以想象出一系列其他可能的系统。斯蒂格勒提出，这些设想是可行的。在算法资本主义中，我们已经达到了这样一个阶段，生产的自动化力量已经过度发展，以社会经济和文化团结为基础（特别是通过协会、合作社、公共服务和新工业）的新经济模式将创造出新颖的、间断性的工作形式，并形成新的职业。斯蒂格勒认为，一个非强迫性的自动化社会将会成为新的“经济增长点”。

同为变革主义者，这两位作者的观点为何会有如此显著的差异？首先，斯蒂格勒的著作很好地补充了施瓦布强调的观点，尤其是斯蒂格勒对先进自动化导致全球工作岗位大幅缩减的深入分析。施瓦布的工作明确地集中在组织如何创造价值上。他反复强调,如今的技术变革创造了新的机遇和困境——其结果可能为整个社会带来积极的、可共享的利益。另一方面,斯蒂格勒明确地希望他的分析具有广泛的应用对象:不仅是经济和市场,而且包括社会和生活中的政治。虽然有些人认为斯蒂格勒的作品很大程度上受到了激进的法国理论的影响,但他对当代社会中自动化生产的批判(即AI取代了劳动力)仍然具有重要意义。在展现先进自动化的"超标准化"引发剧烈熵增的过程中,斯蒂格勒的批评可以说直面了算法资本主义最具破坏性和侵蚀性的方面。我们还可以看到,在变革主义立场的倡导声音中,可以找到根本的不同之处。这种不同很重要。对比施瓦布和斯蒂格勒的贡献,我们发现变革主义者的立场不是一成不变的。

小结2.2 变革主义者

1. 变革主义者拒绝接受全球经济一如往常的说法,而是将AI视为组织生活和当代社会发生的更广泛的数字变革的一种表现。工业4.0、大数据和超级计算机是重要例子。
2. 变革主义者强调制造业和服务业的革命性转型,这需要人们对劳动力市场的战略进行彻底的重新思考。
3. 变革主义者不仅关注AI带来的经济活力,还关注社会、文化和政治生活的变化。换言之,AI不仅改变了我们的工作方式,也改变了我们的生活方式。
4. 一些评论强调,AI促进生产力和经济增长,从而催生创新。另一些观点认为经济增长和社会平等的发展并不协调,并据此预测未来会出现失业。
5. 作为AI革命的结果,公共政策需要深度调整和转变。
6. AI具有全球性和跨国性,它带来的风险和机遇影响着世界各国。因此,决策者和政治家需要在政治监管、民主问责和道德治理方面提供有效的创造性回应。

2.1.3 观点比较

如果说把握变革主义者立场内部差异的思路是正确的,那么对于理解怀疑主义者与变革主义者之间的一般性争论也是一样的。一般的分歧在于,变革主义者认为AI带来了巨大的永不停止的变革,而怀疑主义者则认为技术变革对经济而言只是例行的商业活动;两种观点都过于简单。然而,尽管这种描述只是一种概括,但是这种对怀疑主义者以及批评者的夸大描述,仍然可能影响更广泛的有关AI及其结果的公共讨论,并最终左右社会政策的形成。虽然怀疑主义者和变革主义者之间的争论并不能说特别具有启发性(他们经常各抒己见),但这些争论确实在很大程度上塑造了人们关于AI、先进机器人和加速自动化的多样化观念。关于怀疑主义者和变革主义者眼中的AI,现存许多不同的立场和阐述,它们在共识和争论的领域存在交叠,对于理解AI的影响至关重要。

2.2 观点整合

要全面、系统地理解AI的影响,必须在变革主义和怀疑主义之间探索一条艰难的道路。我们需要认识到,AI革命已经开始,这将同等程度地带来新机会和新负担。有证据表明,迄今为止AI和先进自动化技术使得所有工业化国家的制造业中劳动者比例大幅下降,而且这一趋势还会持续。尽管自动化生产淘汰了工厂内部的工作岗位,但它可能会在许多其他经济领域创造工作岗位。例如,诺贝尔经济学奖得主克里斯托弗·皮萨里德斯(Christopher Pissarides)指出,快速增长的自动化"意味着更快的经济增长、更多的消费支出、更大的劳动力需求,从而创造更多的就业机会"[15]。同样地,受到AI影响的其他经济和社会领域中,机会与风险并存。仅从怀疑主义或变革主义的立场来评估这些发展是不可行的。将这些社会技术的变革关联在一起,会呈现出充满机遇和风险的新格局,而AI革命是其中的核心。

我们也不应该肤浅地吸收怀疑主义的观点。例如,那些强调员工对技术创新的适应性以及终身学习重要性的怀疑主义者,实际上是在谈论机会和风险之间的边界。然而,怀疑主义者很难领会更大的风险格局,因为他们对AI相关的社会技术变革的理解有限。就算怀疑主义者对先进自动化带来的负面影响做出了毫不妥协或者最清醒的评判,也很难做到公允。例如,斯蒂格勒提及算法资本主义造成的剧烈熵增,其内容比所有能搜寻到的怀疑主义者的表述都更具挑战性和悲观色彩。斯蒂格勒的作品代表了一种悲观的乌托邦主义。他的悲观来源于自身对熵增已经融入自动化的内在结构之中的认知。但这里也存在着一种非常积极的乌托邦主义,因为算法的力量将帮助社会"去自动化",而算法的力量将毁灭知识与技能,并首先带来超标准化。但是,为什么具有破坏性的自动化因素会从经济蔓延到社会呢?这些因素包括什么?斯蒂格勒对这些问题的回答是模棱两可的。就变革主义文学中谈到的AI的制度关联而言,经济和社会影响,或者政治与行政力量之间存在什么关系,仍然不甚明了。这些内容也没有被那些怀疑主义者阐明。

我们可以澄清这些问题，但需要摆脱怀疑主义者和变革主义者的经济学立场。要弄清 AI 带来的某些制度特征及其后果，最好的办法是关注技术变革所涉及的复杂、矛盾的相互作用的制度领域（社会、经济、文化和政治）。正如我们所看到的，正统经济思想有一种将自动化 AI 排除在长期经济预期和未来情景分析之外的倾向，但许多变革主义者打破了这些限制。但是，即使是那些与这种倾向相关的、政治上较为进步的作家（如斯蒂格勒），也过多地集中于经济影响，并且很难令人满意地解释政治、经济、文化或公共生活中各个领域或机构之间的相互作用。也就是说，现有的关于 AI 全球影响的分析往往倾向于只看到一个占主导地位的制度领域（经济，或者更具体地说是制造业企业）；这样的领域代表着目前的技术创新，它或是一种不可阻挡的变化势头，或是有助于复制经济秩序从而维持现状。

这一点形成了全球技术转型的基本背景，以前称为 AI 文化[16]。毫无疑问，如今先进的综合自动化技术与全球经济（特别是全球经济供应链）深度绑定，并为几乎所有的经济活动规范了特定形式。但我们也必须认识到，AI 全球化的主要特征之一是新型机器技术的普及，这些技术越来越小型化、移动化、网络化。智能机器和软件驱动的自动化带来的影响并不局限于经济领域，而是在最广泛的意义上影响日常生活、社会关系和文化的许多核心方面。AI，特别是自动化的通信技术，极大地重新定义了如今人类的交互环境，并有力地塑造了人机交互界面的发展模式。AI 也是如今人类与物质和自然环境交互的核心元素。

当我们思考 AI 与全球转型之间错综复杂的关联时，要注意到上述所有内容都是相关的。在此，需要强调的是席卷所有经济体和社会的巨大变化。如果我们要充分理解AI造成的后果，必须在很大程度上摆脱本章中所探讨的怀疑主义和变革主义的观点。必须考虑到AI技术在全球发展的广度、深度和速度，以及直面这种技术创新给社会、经济、文化和政治生活带来的新机遇和风险。最重要的是，必须将生活方式的改变、私人生活和自我认知纳入理解AI的核心，而本书的其余章节将围绕这项任务开展论述。但当我们思考最合适的公共政策调整方案时，也有一些重要因素需要牢记在心，不能拘泥于怀疑主义者和变革主义者在AI辩题中的局限性。

对世界各国而言，对AI制定正确的公共政策并实现监管是一项紧迫而必要的任务。然而，这项任务的推进受到了政界的限制，他们认为AI政策的范围和紧迫性被完全夸大了。这种观点强调，经济繁荣取决于工业制造、生产性投资，以及政府与私营部门持续合作过程中创造的就业，而不是制定支持新产业和未来技术的政策。在AI技术创新和自动化生产发展对经济和就业产生重大影响的地方，很多政策领域的思考仍然主要集中在培训、教育和终身学习上。例如，杰夫·科尔文(Geoff Colvin)认为“公共政策调整应该包括帮助如今的年轻人成为赢家”[17]。但是，在AI驱动的社会中，到底什么是“胜利”？“失败者”的命运又将如何？在这个技术创新的领域，如果把重点放在推动“赢者通吃”，很难说是一种健全的制定公共政策的观念。

我们也应该认识到，怀疑主义和变革主义的立场对于AI技术的开发、应用以及官方的认证和监管等具体行动的指导性是有限的。AI革命之后，许多国家面临着大量任务，并在制定公共政策以应对新技术背景下的人类生活、工作和交流等方面取得了重大进展。下一章将研究各国如何制定国家战略来指导 AI 的战略投资。我们有必要仔细研究一下各国在 AI 领域的政策方法，这些政策侧重于科学研究，技能与教育，数字基础设施以及政府对公共和私营部门的取舍。不同于怀疑主义和变革主义，这些政策提供了对 AI 当前和未来影响的另一种见解。

注　释

[1] Jaron Lanier, You Are Not a Gadget, Vintage, 2011.

[2] Nicholas Carr, The Glass Cage: Automation and Us, Norton, 2014.

[3] Sydney J. Freedberg Jr, 'Artificial Stupidity: When Artificial Intelligence + Human = Disaster', Breaking Defense, 2 June, 2017: https://breakingdefense. com/ 2017/06/ artificial-stupidity-whenartificial-intel-human-disaster/.

[4] 参见 Geoff Colvin, Humans Are Underrated: What High Achievers Know that Brilliant Machines Never Will, Penguin, 2015.

[5] 对这些贡献做出的精彩评论，参见 Ross Boyd and Robert J. Holton, 'Technology, Innovation, Employment and Power: Does Robotics and Artificial Intelligence Really Mean Social Transformation?', Journal of Sociology, 2017 (Online First): https://doi. org/ 10. 1177/1440783317726591.

[6] Joel Mokyr, Chris Vickers and Nicolas Ziebarth, 'The History of Technological Anxiety and the Future of Economic Growth', Journal of Economic Perspectives, 29 (3), 2015, pp. 31-50; and Joel Mokyr, 'The Past and the Future of Innovation: Some Lessons from Economic History', Explorations in Economic History, 2018 (Online First): https://doi. org/ 10. 1016/j. eeh. 2018. 03. 003.

[7] Erik Brynjolfsson and Andrew McAfee, The Second Machine Age: Work, Progress, and Prosperity in a Time of Brilliant Technologies, Norton, 2014, p. 8.

[8] 参见 Martin Ford, The Rise of the Robots: Technology and the Threat of a Jobless Future, Basic Books, 2015. See also the interesting analysis developed by Ursula Huws, Labor in the Global Digital Economy: The Cybertariat Comes of Age, Monthly Review Press, 2014.

[9] 理查德·鲍德温在一次采访中谈到这些内容,并被出版为'AI and Robots Will Take Jobs-But Make the World Better', 2019: https://www.pri.org/stories/2019-02-13/new-book-suggests-aiand-robots-will-take-jobs-make-world-better.

[10] Paul R. Daugherty and H. James Wilson, Human + Machine: Reimagining Work in the Age of AI, Harvard Business Review Press, 2018.

[11] Klaus Schwab, The Fourth Industrial Revolution, World Economic Forum, 2016, p. 1.

[12] Schwab, Fourth Industrial Revolution, pp. 109, 112.

[13] Bernard Stiegler, Automatic Society: Volume 1. The Future of Work, Polity, 2016, p. 7.

[14] Stiegler, Automatic Society, pp. 8-9.

[15] Christopher Pissarides and Jacques Bughin, 'In Automation and AI, Many See a Jobless Future and Higher Inequality. But the Technologically Driven Shift Should Be Welcomed', 17 January 2018: https://www.interest.co.nz/business/91625/automation-andai-many-see-jobless-future-and-higher-inequality-technologically.

[16] 参见 Anthony Elliott, The Culture of AI: Everyday Life and the Digital Revolution, Routledge, 2019.

[17] Martin Ford and Geoff Colvin, 'Will Robots Create More Jobs Than They Destroy?', The Guardian, 6 September 2015.

第 3 章

全球创新与国家战略

第 2 章谈到的关于 AI 政策的规模、紧迫性和影响的全球性争论，是与各国应对数字革命在技术和经济方面创新的步伐相适应的。推进 AI 所需的突破性研发（R&D）大多发生在国家层面。一些国家在 AI 领域要比其他国家领先得多，这不仅归功于 AI 技术领域增加的经费，更取决于技术基础、能力专长，以及国家对全球数字经济的总体贡献。关于国家在 AI 研究、开发和初创企业方面的投资，以及 AI 技术对国民经济未来的影响，现有许多评估[1]。其中 AI 领域的一类主流话题涉及权力。许多国家试图利用 AI 提升社会整体经济利益。当然，各国在 AI 方面的总支出存在巨大差异。如何才能从国家的角度最好地评估 AI 的全球趋势？一些人建议，可以从 AI 主要的研究、开发和商业化中心着手。这些关键的 AI 中心位于硅谷、纽约、波士顿、多伦多、伦敦、北京和深圳。这些事实能够告诉我们一些有关权力中心地缘政治的重要信息。注意到，这些中心在 AI 创新方面领先全世界，包括机器学习、深度学习、计算机视觉和自然语言处理，它们对如今工商业的成功至关重要。

评估 AI 的权力集中度的另一种方法是研究各国的政策走向。为此，必须关注国家 AI 战略、研发预算和其他领域的技术研发与投资。从一系列衡量投资和创新的指标来看，很明显中国和美国在寻求 AI 优势的国家中处于全球领先地位，同时欧盟也在争先。通过对投资趋势的比较，可以很大程度上了解各国是如何制定 AI 战略提高技术能力的，具体包括研究、商业激励、人才培养和风险管理。据估计，英国在 2020—2025 年间将在 AI 技术上投入约 13 亿美元。同样，法国已拨出 18 亿美元用于开发 AI，为社会和经济赋能。然而，与某些地区对 AI 的投资相比，这种支出量级相形见绌。如果我们关注一些促进经济和技术发展的区域性增长，可以看到欧盟已承诺在 2020—2030 年间通过一系列正式的框架协议为 AI 投入约 200 亿美元。尽管面临来自美国的激烈竞争，中国在全球 AI 支出总额中高居榜首，其战略投资超过 2000 亿美元。在这种背景下，一些行业报告估计，到 2030 年 AI 对全球经济的贡献价值可能超过 16 万亿美元，这或许也并不令人惊讶。为了更好地理解 AI 领域的政治动向，让我们更详细地研究各国在制定 AI 投资和创新战略方面的一些主要趋势，首先从作为该领域领导者的美国和中国讲起。

3.1 世界领导者:美国、中国,以及全球化

经济全球化是当今 AI 技术和投资快速发展的核心。这种发展通常被称为“AI 竞赛”。就全球经济而言,这场竞赛的主要竞争者是美国和中国。这两个超级大国的政策历史和投资策略值得研究,因为它们拥有世界上获得最多资金支持的 AI 公司,并且目前是国家投资战略的领导者,包括 AI 融资、技术和知识产权。本书先从美国谈起。根据大多数的研究,从研发、认证、人才、硬件和基础设施等标准来看,美国仍是 AI 领域的绝对领导者[2]。

3.1.1 美国

美国在 AI 领域的主导地位,在根本上与美国为成为全球技术与认证中心所采取的重大方针有关。硅谷位于加利福尼亚州旧金山湾南部地区,是许多全球性科技公司的大本营,也是整个科技行业的缩影。随着数字革命的扩散,美国将自己重塑为全球科技初创企业风险投资中心。苹果、微软、IBM 和谷歌等科技巨头成为了美国企业中的新贵。关于硅谷的崛起,传统的叙事一般关注美国的创业精神、激进的冒险精神和自由的个人主义[3]。然而,如果我们充分理解硅谷是如何为美国 AI 的发展铺平道路的,就必须回顾数字革命的一个隐藏背景。在此,借鉴玛格丽特·奥玛拉(Margaret O’mara)的《代码:硅谷与美国重塑》(*The Code: Silicon Valley and the Remaking of America*)一书。在这种背景下,科学历史学家奥玛拉的作品极具启发

性,因为它对硅谷不依赖国家崛起的神话起到了重要的纠正作用,并强调了政府资助在全美科技行业发展中的重要性。

《代码:硅谷与美国重塑》一书将硅谷的崛起嵌入美国政治史的长河中,追踪了科技行业权力的聚集与扩张,以及硅谷与华盛顿特区之间关系的萌芽。奥玛拉作品的中心主题是,从数字革命一开始,技术创新和政府资助就紧密交织在一起。以下是一些大家普遍感兴趣的要点:

(1) 为了使技术突破在经济和社会中产生重大影响,政府和国家对技术研发进行补贴是必不可少的。政府资助计划,尤其是DARPA以及其中的战略计算机计划等资助项目,对硅谷和美国其他技术创新温床的出现至关重要。换言之,科技行业的出现与维护国家安全的能力交织在一起。正如奥玛拉所言,国防经费“仍然是隐藏在硅谷这一新型创业跑车闪亮引擎盖下的巨大引擎,在黑客和资本家铺天盖地的媒体侦测雷达下运行”[4]。

(2) 奥玛拉对硅谷崛起的深入思考表明,政府的合约在一个分散的技术创新体系中培育了企业家精神。各种减税措施是其中的关键,例如1958年的《小企业投资法案》(*Small Business Investment Act*)。加利福尼亚州对竞争条款的法律性禁止也起到了同样的作用,这促进了技术人员在公司之间跳槽,并让整个行业共享技术突破的成果。

(3) 要成为孵化技术产业的温床,获得全球人才库至关重要。例如,美国政府1965年颁布的《移民归化法》(*Immigration and Naturalization Act*)意外地吸引了大批技术工作者和专家到美国寻求更好的生活。正如奥玛拉所言,1995年至2005年期间,硅谷超过50%的科技初创企业是由美国移民创建的。

（4）尽管有些公司优先考虑性别平衡，但厌女症在硅谷的技术创新模式中根深蒂固。正如奥玛拉总结的那样，硅谷的性别失衡反映出一个“女性与电子产品不相容”的时代。关于科技行业的性别失衡是如何损害女性的经济和社会地位，并固化男性主义和性别歧视的意识形态，似乎很少有人关注。

奥玛拉介绍了硅谷崛起过程中数字革命的隐藏背景。把它放到美国争夺 AI 主导地位的竞争背景下，有助于我们认识过去和今天出现的连续性和不连续性。广义上讲，随着战争手段向自动化方向发展，军事力量的技术性质发生了改变，这对推动美国 AI 领域的发展起到了重要作用。表面上看，“AI 作为国家安全战略”为历届美国政府的政策思考和制度细节提供了信息。从 20 世纪 80 年代开始，DARPA 等美国政府机构将资金从火箭和雷达转投向超级计算机、机器学习和 AI。然而，美国究竟在多大程度上被视为一个“AI 驱动的军事社会”，在一定程度上取决于政府对 AI 的总体投资中军事支出的比例。出于明显的保密原因，很难获得精确的数字。此外，计算军事开支与国民生产总值之间比例的各种统计方法显然过于复杂，在此无法详细阐述。但有一件事是毫无疑问的，那就是规模巨大。例如，2012 年五角大楼在与 AI 相关的云计算、大数据等领域投入了约 56 亿美元。到 2017 年，这一数字大幅上升，五角大楼在 AI 领域的支出达到了 74 亿美元。此外，美国军方在 AI 的秘密研发领域还投入了巨额资金。2018 年，五角大楼承诺投入约 20 亿美元，用于 DARPA 开发下一代 AI 技术。无论是对致命性自主武器系统（LAWS）的基础研究，为发动战争而改进具有自主功能的机器人载具，还是加速建设关键的网络防御基础设施，AI 在军事技术中的持续应用与改进都进一步推动了整个国家军事系统中政府的资助力度。特别是基于政府对AI的资助以及不断加速的自动化相关领域的发展,美军拥有了规模惊人的破坏能力。

在国防开支之外,目前还不清楚美国可能采取什么政策行动来推动AI在当下和未来的发展[5]。与其他发达国家不同的是,美国政府一开始并没有制定全面的国家战略来增加公共支出,也没有制定路线图来应对AI带来的社会挑战。奥巴马政府确实制定了一系列尚在起步阶段的战略。2016年,白宫发布了名为“为未来人工智能做好准备”的报告,为迎接AI的未来提出了各种政策建议,并为就业、伦理、偏见以及多个行业数字化转型中的风险机遇等关键问题提出了解决方案。该报告还有一个配套政策框架《国家人工智能研究与发展战略计划》(*National Artificial Intelligence Research and Development Strategic Plan*),披露了美国联邦政府资助的AI研发的细节内容。特朗普政府采取了非常不同的方式,几乎没有涉及有关AI与经济创新关系的政策指示。AI革命改变了美国经济的命运,从表面上看这是自由市场的结果。然而,政府的其他举措表明事实并非如此。2018年,白宫与产业界、学术界和政府的主要代表举行了AI峰会。同年,特朗普总统发布了一项行政命令,将AI确定为仅次于国家安全的第二大研发重点。特朗普总统领导下的白宫还宣布了一项“AI计划”,这是一项姗姗来迟的国家战略,为推进AI制定了五大支柱:①研发;②AI的目标性资源;③消除AI的创新障碍;④培训具备AI能力的劳动者;⑤营造支持美国AI创新的可靠国际环境。除了这些举措,美国联邦政府还推出了AI.gov网站,以促使美国公民更好地了解目前政府正在开展的所有行动。这些目标固然定得很高,但未能转化为政策性成果[6]。在本书成文时,谈论拜登政府可能出现的政策转变还为时过早。

然而有一点是明确的,美国 AI 的兴起,看起来明显不同于其在科技领域占据主导地位的其他时代。首先,在 AI 主导地位的竞争中,中国正在投入大量资金,美国面临的挑战越来越大。的确,在 21 世纪 10 年代,美国在 AI 领域的投资超过了其他任何国家。但需要指出的是,这些投资主要是私营部门对 AI 企业的投资,而不是基于全国性 AI 战略的公共投资。为了证实这一点,我们需要重新审视中国——这将在下一节中讨论。另一个原因是,硅谷不再占据世界科技霸主地位。如今,美国以 AI 为核心的技术公司形成的网络在地理上越来越分散。最近的研究证实,美国在 AI 研发方面仍处于领先地位。有许多成熟的研究机构和学术机构正在扩展 AI 创新的科学边界,但重要的是,越来越多的新机构位于美国硅谷以外的地区。在 AI 领域领先的美国大学包括麻省理工学院、波士顿地区的哈佛大学、匹兹堡的卡内基梅隆大学、亚特兰大的佐治亚理工学院和得克萨斯州的得克萨斯大学奥斯汀分校。尽管如此,硅谷仍然是 AI 领域重要研究项目的中心,其中一些项目非常大胆。例如,斯坦福大学于 2019 年成立了以人为中心的 AI 研究所,该机构得到了 AI 领域一些顶级的美国公司及行业领袖的支持。

3.1.2 中国的 AI 雄心

现在对比一下美国和中国在 AI 领域的发展。在 2017 年《新一代人工智能发展规划》发布后,中国在 AI 领域采取了重大举措,引领世界。许多评论者欢呼，中国的下一代计划是全球最雄心勃勃的国家AI战略。该计划制定了未来发展路线图和国家在AI领域的发展目标，包括工业化与应用、人才、教育与培训、道德与法规，以及国家安全。它聚焦于AI发展进步的三个阶段。首先，到2020年，中国的AI产业将与世界顶级实践方法“接轨”；其次，到2025年，中国将在AI的某些领域引领世界；最后，到2030年，中国将成为AI领域全球领先的创新者。从智能制造的进步，到服务型机器人、自动驾驶汽车以及自动识别系统等网络化产品，中国政府在各个领域的目标都非常雄心勃勃。后来中国又发布了其他的计划与提议，包括国家的三年行动计划，用于补充上述规划。目前的首要目标是让中国的AI产业价值达到1500亿美元左右，并特别强调AI要在军事和智慧城市等多个领域加大投入力度。

在谈到这些变化时，颇具影响力的AI分析师、谷歌中国前总裁李开复谈道，在新的“实践运用时代”，中国在AI方面拥有更大的优势。这本引人深思的书是《人工智能超级大国：中国、硅谷和新世界秩序》。他所说的优势来自于当前从依赖专家和科学突破的“发现时代”，到越来越依赖计算能力、数据和速度的“实践运用时代”的全面转变。中国处于这一转变的前沿，通过积极的创业精神、丰富的数据、大量的计算机科学家和有利的AI政策环境，中国率先涉足AI实践的新领域。李开复写道：

这种从发现到实践的转变标志着AI重心的转移——从美国转向

中国。发现时代十分依赖于来自美国的创新,而美国擅长有远见的研究和登月计划……然而,AI的实践运用过程则需要一系列不同的优势,其中许多优势在中国得到了体现:丰富的数据、异常激烈的商业竞争环境,此外政府也在建设基础设施时适应于AI的需求。[7]

简而言之,以前AI领域需要精英式研究员和明星式科学家,而今天的AI则需要大批的实践者——这使中国相较于美国处于有利地位。

李开复认为我们现在已经进入了“数据时代”。专业知识仍然很重要,但在当今世界,数据比人才更有价值。“因为一旦计算能力和工程能力达到某个阈值,数据量就成为决定算法整体能力和准确性的决定性因素”。中国已经有力地改变了如今的商业格局,培养出一批优秀的企业家。在李开复看来,为了在这个星球上竞争最激烈的行业中驰骋,他们从“模仿者”变成了“角斗士”。

当然,在中国的崛起中,除了智慧城市、大规模数据化之外,还有许多其他非常重要的特征。奈杰尔·英克斯特(Nigel Inkster)在《大脱钩》(*The Great Decoupling*)一书中认为,中国正在许多领域从根本上挑战美国的军事和技术存在[8]。中国的“数字丝绸之路”在这里具有关键意义,它通过一个正在建设的基础网络设施与沿途各国相连,产生的价值将高达8万亿美元。英克斯特将这些雄心与中国的技术超级大国的地位相联系。中国在数字化方面投入了数十亿美元,而且已经在全国推广相关技术。然而,其他分析强调,中国的技术崛起可能不像这些特征所显示的那样具有广泛性、决定性和整体性[9]。尽管中国确实在AI领域投入了大量资金，而且在AI专利申请方面是世界领先的，但所谓的奥威尔式独裁形象是具有误导性的。首先，中国的AI发展明显是分散的：2017年的战略报告与其他技术举措（如物联网与智能制造）分量相当，私营企业以及地方区域政府根据各自的战略进行了大量投资，尽管这些投资并不均衡。此外，中国在自然语言处理和人脸识别技术等领域的先进能力是AI的其他子领域的发展难以匹敌的。

3.1.3　世界领导者之间的对比

尽管欧盟存在一定优势，但很明显在可预见的未来，美国和中国将继续主导AI竞赛。与世界其他地区相比，这两个世界上最大的经济体拥有巨大的数据优势。然而，正如前面所提到的，中国在数据方面比美国拥有更大的优势。中美两国在AI领域取得如此的成功，很大程度上是因为他们拥有数据储量丰富的公司：脸书、谷歌、微软、亚马逊、阿里巴巴、百度和腾讯。全球市场的竞争力对这两个超级大国的未来至关重要，但这并不意味着其他国家无法使用AI。AI的跨国界性和市场的全球化有力地影响着科技企业。尤其在美国，AI作为一个技术领域，吸引了许多国际投资者和全球资本。我们还必须考虑全球化的影响，以及受到竞争激烈的AI格局影响的其他重要结果。美国和中国在AI领域取得的经济和科学进步不是在真空中实现的。AI技术和研究突破通常是可转让的，从而促进了新型活动的跨境传播。最近的研究表明，英国、法国、德国、日本和韩国在AI领域的影响力越来越大。值得注意的是,拥有强大人才基础的国家,例如芬兰、爱尔兰、新加坡和以色列,已经成功地利用超级大国的红利发展 AI 技术以及创新能力。其他能够可靠地发展 AI 能力的国家,例如阿拉伯联合酋长国和印度,可能会在未来几年开始挑战更先进的国家。但 AI 的全球化也带来了许多风险,包括将一些经济体排除在这种新的竞争格局之外。一些评论人士认为,发展中国家,例如尼日利亚、肯尼亚和斯里兰卡,可能会进一步落后,因为日益扩大的数字鸿沟加剧了经济不平等。

3.2 欧盟和欧洲的发展

欧盟在 AI 领域投入了巨大的努力和资源。欧盟已经制定了一系列 AI 领域的政策举措,它们都带有欧洲发展方式的印记。在实际战略方面,25 个欧洲国家于 2018 年签署了欧盟的《人工智能合作宣言》(*Declaration of Cooperation on Artificial Intelligence*))。各成员国承诺将整合欧洲的技术和工业力量,基于欧盟的基本价值观推进 AI 发展。欧盟委员会的一份报告《欧洲人工智能》(*Artificial Intelligence for Europe*)进一步强化了这一点,该报告强调了针对 AI 的"协同式方法"的中心地位,其中包括三个关键问题:①提高私营和公共部门的 AI 能力;②为欧洲公民适应社会经济变化做好准备;③确保适当的道德准则和法律框架,以应对 AI 的挑战。随后,基于 AI 高级专家组的提议,欧盟委员会在 2019 年制定了一系列政策和投资建议。这些建议考虑了 AI 对经济和社会的潜在影响——从网络安全、可持续移民到气候变化等领域。就欧洲的 AI 开发而言,这些举措大体上是积极的。建议强调,对 AI 的密集投资应该成为欧盟经济的关键组成部分,未来 10 年的支出将从 50 亿欧元增加到 200 亿欧元。这是欧盟在 AI 研发领域非常重要的一部分投资,很大程度上归功于欧洲研究委员会的"地平线 2020"(Horizon 2020)和"欧洲地平线"(Horizon Europe)项目。欧盟和欧洲的投资基金还启动了另一项公私合作投资,通过一项 20 亿欧元的基金支持 AI 和区块链技术。此外,大规模的 AI 投资构成了欧盟 2021—2027 年财务框架的关键部分,其中包括提高数字化技能和丰富 AI 专业知识,后者尤为重要。

制定正确的 AI 政策和投资方向一直是欧盟面临的关键问题,尤其是在人们担心欧洲已经被美国和中国挤压了生存空间的时候——毕竟大部分 AI 公司都位于这两个国家。当然,欧洲必须应对一些全球性挑战,但实际情况比许多人想象的要复杂得多。例如,在 AI 发展的各种指标上,包括投资额、创新力(以专利申请数量衡量)和将基础研究转化为实际应用的能力,欧盟远远落后于美国和中国。然而,欧盟在 AI 科学研究领域表现突出:有关 AI 的学术论文中,有 28%的作者与欧洲相关,与此形成鲜明对比的是,中国的这一比例为 25%,美国为 17%。同样明显的是,欧洲没有一个 AI 发展模式。例如,对比一下法国和德国这两个强国。法国国家 AI 战略由法国著名的政治家和数学家赛德里克·维拉尼(Cédric Villani)制定,旨在让法国在医疗、安全、交通与国防这四个关键方面成为 AI 领域的领头羊。该战略的基本目标是使数据成为一种共同利益来产生、共享和管理数字信息,其中伦理、气候变化和 AI 对可持续发展目标的广泛影响具有更高优先级。相比之下，德国的《人工智能国家战略：AI 德国制造》(*National Strategy for Artificial Intelligence*：*AI Mady in Germany*)出现在 2018 年。报告的副标题意味深长，AI 被德国视作维持世界领先的制造业大国地位的主要工具，同时德国通过提供强有力的劳工保护，努力确保以一种对社会负责的方式实现这一目标。乌尔里克·弗兰克(Ulrike Franke)和保拉·萨托里(Paola Sartori)将这些方向上的差异总结为，一方面法国雄心勃勃地拥抱机遇，另一方面德国为维持未来后工业时代竞争力开展防御性保护行动[10]。

在撰写本书时，欧盟委员会的 AI 战略观察员几乎都认为，欧洲在保护公民隐私和提高人权方面已经取得了强有力的进展。在其遵守国际法规则的承诺下，欧盟投入了大量的努力开发“值得信赖的 AI 框架”。由欧洲委员会制定的这一框架不仅具有国家性质，而且是泛欧洲性的。该框架由开发部署 AI 的三个相互关联的目标组成：①为人民提供服务和保障的技术；②公平、竞争性的经济；③开放、民主和可持续发展的社会。如何认识这些举措？欧盟的发展轨迹有些混杂。一方面，毫无疑问欧盟一直是 AI 科学知识的坚定支持者，推动着 AI 发挥重要作用，包括再工业化过程以及欧洲各地新产业的推广。此外，欧盟委员会的 AI 战略有明确的目标和大量的资金支持。另一方面，欧盟的目标与当前成就之间的差距，特别是在美国和中国表现强劲的背景下，给欧洲造成了 AI 竞赛中可能落后的担忧。一些批评人士认为，尽管为制定全球“符合 AI 道德的良好治理”标准付出的努力值得称赞，但欧盟近期的举措可能严重阻碍了整个欧洲的 AI 创新。根据这些批评，相对于美国和中国更为灵活的 AI 研发方式，欧盟对 AI 的过度监管可能最终使自身处于不利地位。在欧盟相关政策的执行过程中也存在重大困难。欧盟委员会鼓励成员国制定的国家 AI 战略都需要大量研发领域的投资,而欧洲现存的国家战略也确实是多种多样的。虽然许多欧洲国家已经签署了欧盟的相关政策和倡议方案,但这些方案的执行并不具备强制性。因此,梳理各国的政策变化很有必要。

3.2.1 芬兰

芬兰是一个有趣的例子,因为这个北欧小国是欧洲数字领域最先进的领导者。2019 年,芬兰在欧盟委员会的数字化经济社会指数评比中名列第一,在数字转型的速度和规模上超过了邻国瑞典和丹麦[11]。欧盟委员会认定芬兰是数字公共服务、女性数字经济参与度和 5G 准备度最高的国家。这是人力资本在数字化转型过程中最值得注意的内容。在芬兰,76%的人口拥有基本或熟练的数字技能,这与欧盟 57%的平均水平形成了鲜明对比。芬兰政府决定,利用国家级的数字能力作为跳板,将国家转变为 AI 强国。政府发布了一项国家发展计划——“芬兰人工智能时代”,并引发了公众的广泛讨论。该报告制定了相关举措,提出了 AI 商业加速器项目,在公共部门推广 AI 技术,从而推动芬兰成为欧洲 AI 应用领域的领导者。芬兰经济事务与就业部发表的另外两份报告提出了关于劳动力市场、教育培训以及如何持续建设 AI 能力的各种政策建议。

芬兰财政部长米卡 · 林蒂莱(Mika Lintilä)总结了芬兰在欧洲迈向 AI 发展前沿领域的雄心:“我们将成为 AI 的领导者,拥有前所未有的财富。但如何使用这些财富,则是另一个领域的事了”[12]。认识到芬兰在 AI 方面的经济实力无法与美国或中国竞争,该国主要关注 AI 在企业对企业(B2B)市场中的应用。由于企业对消费者(B2C)市场已经由多国巨头通过平台经济主导,芬兰迅速将自己定义为 AI 研究中 B2B 创新和发展领域的先锋。这一政策的主要内容在于使公共和私营部门紧密合作,提升企业应用 AI 的能力。其中芬兰 AI 中心尤为重要,它能够促进制造业机器自动化,并提高信息密集型 AI 行业的生产力。

然而,芬兰的主要努力集中在当今面临的 AI 技能差距上。认识到教育与数字素养之间的紧密联系,芬兰在 2018 年开始了 AI 培训的艰巨任务。这一进展并非基于政府规划,而是来自赫尔辛基大学计算机科学系与工程设计公司 Reaktor 的联名倡议。该大学与公司提供了一个免费的在线课程"AI 元素",这是芬兰计算机科学家提姆·鲁斯(Teemu Roos)的心血结晶。课程最初的目标是招收大约 5 万芬兰人,但公众反应过度,该课程实际上吸引了来自 110 多个国家超过 22 万名学生。大多数芬兰大公司(从诺基亚到 Elisa)都让他们的员工参加短期课程。这项计划的成功源于在线内容的轻松获取,学生可以通过智能手机和平板电脑灵活地学习。2019 年,芬兰政府向欧盟所有居民开放了在线 AI 课程资源。芬兰在担任欧盟理事会轮值主席期间做出这一决定,政府宣布它是一项礼物,旨在通过免费在线课程向 1%的欧洲人教授基本的 AI 技能。

3.2.2 波兰

波兰与芬兰形成鲜明的对比,这一方面源于该国的数字化产业不成熟,另一方面则是因为它的工业底子不足。在 2019 年的数字化经济社会指数排名中，波兰在28个欧盟成员国中排第25位[13]，同时在“欧洲创新记分牌”上的表现也很不理想。当然，波兰在发展强大的AI能力方面表现出了强烈愿望。2019年，波兰政府制定了《波兰人工智能发展策略2019—2027》(*Artificial Intelligence Developrnent Policy in Poland for* 2019—2027)[14]，其目标是创建一个全面的生态系统，促进AI技术的发展和应用，将数据驱动的组织能力与工业、基础设施领域的新型技术性变化相结合。波兰未来产业平台基金会成立于同一年，其使命是在全国范围内从工业2.0向工业4.0的跨越式发展中开创新型未来产业。波兰数字基金会在2019年也发布了一份名为《波兰AI地图》(*Map of the Polish AI*)的报告，这标志着该国的雄心达到了一个新的水平。这份报告记录了波兰公司部署AI技术的规模，强调波兰保有大量技术人才，但同时指出基于AI的商业解决方案的相关需求仍然有限。换言之，波兰公司主要是为外国市场部署AI，而不是满足本国需求。

波兰的目标是在2027年成为前25%的AI密集型国家。主要方法是通过机器学习等算法提升本国机构的自动化水平，在相对较短的时间内孵化出AI中心，并使其成为促进工业界、商业界和科学界之间合作的催化剂。有迹象表明，这一计划正在开展。2020年，波兰发展部长雅德维加·埃米莱维奇(Jadwiga Emilewicz)宣布了在波兰建立AI中心的计划，强调政府支持波兰工业与企业成为技术创新的主动发起者而非被动接受者。然而，很难预测波兰会发生什么，特别是正如罗曼·巴特科(Roman Batko)敏锐地观察到的那样，波兰目前的“公共资金主要用于满足无休止的民粹主义选举承诺”……(使得)这些 AI 规划成型的可能性极小[15]。

3.2.3 英国

本节讨论的许多问题将涉及 AI 在英国展现的新高度,以及围绕英国脱欧的争议。英国本身具备的知识/服务型经济实力带来大量的 AI 创新,尤其是在伦敦——某些圈子里,伦敦被称为“欧洲 AI 发展之都”[16]。近年来,英国 AI 公司的风险投资增长速度比欧洲其他国家快得多。伦敦的重量级 AI 公司——从 Alphabet 旗下的算法设计公司 DeepMind 到算法软件公司 Onfido——促进了 AI 在大量行业中的发展,提高了生产力和创新力。英国尤其被认为是 AI 健康和医疗技术的领导者。该国蓬勃发展的公共卫生保健系统(即公立医疗系统)长期以来受到政府的大量资助,目的是扩大 AI 技术的应用,改进疾病的诊断、预防和治疗。

英国通过议会提案开展了几项重大行动,以提高 AI 成熟度,其中的一些提案得到了政府的大力支持。2017 年,英国政府独立审查委员会发布的霍尔-佩森蒂报告(Hall-Pesenti Report)总结道,“英国是 AI 领域领先的国家之一。这种优势可以成功地建立起来,也有可能失去。”[17]随后,英国议会在上议院成立了 AI 特别委员会,基于学术界、智库和行业专家的广泛意见,对 AI 驱动的创新进行全面审查。与欧盟立法的雄心相呼应,委员会建议政府刺激 AI 方面的技术进步,并采取政策干预措施,努力使企业在保持经济活力和承担社会责任之间保持平衡。从那时起,英国政府针对这一结论采取了一系列举措。2018 年,政府宣布了一项“AI 领域协议”,承诺支付 9.5 亿英镑汇聚 50 家顶级科技公司的力量,推进英国的 AI 行业发展;同时为与学术界建立伙伴关系,2025 年之前将在 AI 相关领域新设立 1000 个博士学位。

关于人们对英国脱欧的担忧,更具体地说,对英国退出与欧盟的科学技术合作的担忧,与更大的危机感交织在一起,即英国可能在 AI 竞争中落后。英国脱欧并不意味着对其争取 AI 红利的目标产生致命打击,但肯定会导致新的紧张局面和相关问题。例如,目前尚不清楚英国可能需要在多大程度上重新制定有关 AI 治理和数据等方面的法规。欧盟的标志性数据保护计划《通用数据保护条例》(*General Data Protection Regulation*)对私人数据的管理提出了要求,其中最低隐私标准适用于欧盟之外的数据传输。英国上议院的 AI 问题特别委员会提出了一项国家宪章,用于处理私人数据保护问题,同时要求 AI 必须按照公平和可理解的原则运行。在英国脱欧之后,是否能够在管理 AI 和保护数据隐私方面制定具有连贯性和道德性的政策?情况仍不甚明朗。2020 年初,英国首相鲍里斯·约翰逊(Boris Johnson)表示,英国将不受欧盟数据保护政策限制,独立开展立法和政策制定工作。但要讨论英国和欧盟在数据治理政策上的不同,会使本已高度复杂的领域更加复杂。最终,英国的 AI 发展可能落后于欧洲,更不要说与美国和中国竞争。

3.3 少数派:阿联酋、日本和澳大利亚

把目光转向海湾国家,阿拉伯联合酋长国的突出表现是由多种因素造就的,因为该国着眼于 AI 驱动的未来。阿联酋是世界上第一

个任命一位政府部长负责 AI 领域发展的国家。2017 年,奥马尔·奥拉马(Omar Al-Olama)被任命为首位人工智能部部长。奥拉马希望阿联酋在信息与通信技术(ICT)表现强劲的基础上,还能制定一些大胆的举措发展 AI,以应对国家级、区域性和全球性的挑战。2019 年,阿联酋启动了“2031 国家人工智能战略”,制定了将机器学习推广到各级政府的路线图,以争取成为全球 AI 技术领先国家。该战略的主要目标包括建立 AI 创新孵化器,开发数据驱动的基础设施以支持 AI 产生突破,以及提升 AI 治理水平。培养数字化技能也是阿联酋的一个中心目标。2020 年,穆罕默德·本·扎耶德人工智能大学(Mohammed bin Zayed University of Artificial Intelligence)在阿布扎比成立,该大学以阿联酋首都王储命名,是世界上第一所研究生级别的研究型 AI 大学。阿联酋人工智能部最近发起的倡议包括“思考 AI”,号称将举办全球最大的 AI 会议,用于增进政府与私营企业之间的对话,从而“负责任和有效地”利用 AI 以及“AI 万物”。这些工作大部分都在进行中,其进度在很大程度上取决于阿联酋政府能否成功地引领自身 AI 机构的发展,以便在全国私营部门推广 AI 解决方案。

日本是消费科技的发源地,曾经有一段时间所有的创新都是“日本制造”——或者看起来是这样的。自 21 世纪 10 年代中期以来,越来越多的迹象表明,日本正在通过强大的 AI 创新取得新的突破,包括医疗机器人以及多模式 AI 学习系统。前首相安倍晋三于 2017 年成立了 AI 技术战略委员会,它为不久后在日本举行的 AI 工业化讨论奠定了基础。该委员会与日本领先的技术公司密切合作,将“AI 即服务”定位为日本数字化战略的前沿与中心。实施这一战略的主要问题仍然是日本极其紧张的劳动力市场,其失业率约为2%。再加上人口老龄化和低生育率,也难怪许多评论家认为日本很可能会在争夺全球AI主导地位的过程中挣扎。但表面上具有限制性的东西可能实际上是有益的。正如孙达拉贾(Arun Sundararajan)令人信服地指出:

> 美国和中国对劳动力自动化的抵制源于对大规模失业的恐惧,这将减缓AI和机器人的推广。在日本,情况并非如此。该国必须利用这一优势,积极地将卫生医疗自动化方面取得的进展扩大到其他领域。随着劳动力自动化程度的提高,国家的技术优势将会增加。[18]

诚然,日本在工业机器人领域的巨大优势和全球性领导地位仍然是开发和深化“AI即服务”计划的一张王牌。同样,日本在3D测绘和大数据等领域的技术领先地位也将会极为重要。

澳大利亚也是一个有趣的例子。一方面是因为该国在技术上取得的突破——AI领域的创新包括大堡礁的鱼类追踪,以及世界上第一台具备机器智能的人工胰腺;另一方面则源于该国在AI领域落后的公共政策。近年来,澳大利亚政府承诺对多个AI研发领域提供资助。然而令人惊讶的是,澳大利亚并没有国家AI战略。应政府要求,澳大利亚学术委员会(ACOLA)于2018年成立,作为其中AI专家工作组的成员,笔者从细节上察觉到了这一遗漏。ACOLA的报告为如何全面部署AI以改善澳大利亚的经济、社会和环境奠定了基础,同时考虑了与机器智能相关的伦理、法律和社会问题。例如在教育方面,日常工作领域自动化程度的提升意味着人们将从职场得到解放，那么相应的市场对具有较强人际交往能力和批判性思维能力的人才需求可能会增加。AI 的发展要求澳大利亚劳动者具备新的技能与适应力。微认证(一种教育形式，即在特定学科领域取得“微学位”)可能对认证人们的 AI 基础教育和数字素养水平有一定帮助。ACOLA 的报告还考虑了有关数据收集、隐私侵犯(例如脸书和谷歌等科技巨头)以及地缘政治领域相关问题的解决方案。

与美国、英国、日本和欧盟不同，澳大利亚在应对 AI 挑战、制定正确政策等方面起步较晚。ACOLA 的报告是政府为改善这一劣势做出的重要努力，它为明确国家 AI 框架提供了重要细节，这对于澳大利亚以至于本世纪全世界面临的一系列新兴的道德、法律和社会问题都至关重要。报告中提及的国家级框架的主要内容包括：

(1) 提供教育机会，增进公众对 AI 的认识与理解；

(2) 为公共部门和中小型企业采购 AI 相关设备提供指导方针和建议；

(3) 加强响应式管理和监管机制，以应对信息物理系统和 AI 产生的问题；

(4) 面向具有积极社会影响的 AI 与信息物理系统，制定综合性跨学科的设计方案与开发要求；

(5) 向 AI 技能、AI 核心科学及其转化方式相关领域研究投资。

2019 年的澳大利亚大选使得这一 AI 计划的实施一度搁浅。从那时到现在，莫里森政府对于应对 AI 领域的挑战和风险几乎没有兴趣。时间会证明澳大利亚是否会朝着更积极的、能够平衡 AI 发展与公共政策的方向发展。

本章简要介绍全球 AI 领域的新兴国家战略,其中讨论的大多数问题与 AI 兴起引发的制度转型问题有很强的相关性。接下来,本书将继续讨论 AI 驱动的不断变化的社会制度形式。

注　　释

[1] 参见 Jeff Loucks et al. , 'Future in the Balance? How Countries Are Pursuing an AI Advantage', Deloitte Insights, 1 May 2019. 我在本章中对大量相关评估与报告进行了讨论 .

[2] 例如,参见 Daniel Castro, Michael McLaughlin and Eline Chivot, 'Who Is Winning the AI Race: China, the EU or the United States?', Centre for Data Innovation, August 2019: http://www2. datainnovation. org /2019-china-eu-us-ai. pdf

[3] 例如,参见 Scott Kupor, Secrets of Sand Hill Road: Venture Capital and How to Get It, Portfolio, 2019.

[4] Margaret O'Mara, The Code: Silicon Valley and the Remaking of America, Penguin, 2019.

[5] 尽管 AI 领域已经耗费大量国防经费,颇具影响力的华盛顿智库仍为美国安全中心提出建议:为了保持竞争力,在 AI 领域投入的经费需要提高到每年 250 亿美元.参见 2019 年的报告 The American AI Century: A Blueprint for Action: https://www. cnas. org/publications/reports/the-american-ai-century-a-blueprint-for-action.

[6] 一些人猜测,考虑到 2016 年总统大选中"自动化焦虑"产生的影响,特朗普政府对全球性的 AI 战略的支持最多也就是不温不火.参见 Carl Benedikt Frey, Thor Berger and Chinchih Chen, 'Political Machinery: Automation Anxiety and the 2016 U. S. Presidential Election', 通过牛津马丁学院可获取还未发表的文档: https://www. oxfordmartin. ox. ac. uk/downloads/academic/Political% 20 Machinery - Automation% 20Anxiety%20and%20the%202016%20U_S_%20Presidential%20 Election_230712. pdf.

[7] Kai-Fu Lee, 'What China Can Teach the US about Artificial Intelligence', New York

Times, 22 September 2018: https://www.nytimes.com/2018/09/22/opinion/sunday/ai-china-united-states.html.

[8] Nigel Inkster, The Great Decoupling: China, America and the Struggle for Technological Supremacy, Hurst, 2020.

[9] 例如,参见 Frieda Klotz, 'Is China Taking the Lead in AI?', MITSloan Management Review, 30 April 2020: https://sloanreview.mit.edu/article/is-china-taking-the-lead-in-ai/.

[10] Ulrike Franke and Paola Sartori, 'Machine Politics: Europe and the AI Revolution', European Council on Foreign Relations, 11 July 2019: https://ecfr.eu/publication/machine_politics_europe_and_the_ai_revolution/.

[11] European Commission, Digital Economy and Society Index (DESI), Country Report Finland, 2018.

[12] 引用 https://www.reaktor.com/elements-of-ai/.

[13] European Commission, Digital Economy and Society Index (DESI), Country Report Poland, 2019.

[14] 参见 Alex Moltzau, 'The Pathway to Poland's AI Strategy': https://medium.com/@alexmoltzau/the-pathway-to-polands-ai-strategy-449fd978b2bf.

[15] Roman Batko, 'Managing a Digital-Ready Workplace: What Does it Mean in the Polish Glocal Context?', keynote address, 'Digital Technologies, Transformations and Skills: Robotics and EU Perceptions', Erasmus+ Jean Monnet Project Action, 2018.

[16] Stephen Allott et al., 'London: The AI Growth Capital of Europe', CognitionX: https://www.london.gov.uk/sites/default/files/london_theaigrowthcapitalofeurope.pdf.

[17] Wendy Hall and Jérôme Pesenti, Growing the Artificial Intelligence Industry in the UK: https://assets.publishing.service.gov.uk/government/uploads/system/uploads/attachment_data/file/652097/Growing_the_artificial_intelligence_industry_in_the_UK.pdf.

[18] Arun Sundararajan, 'How Japan Can Win in the Ongoing AI War', The Japan Times, 9 September 2019: https://www.japantimes.co.jp/opinion/2019/09/09/commentary/japan-commentary/japan-canwin-ongoing-ai-war/#.XpT7Sc8zaqQ.

第4章

AI的制度层面

通常,关于AI的兴起将如何改变现代社会和全球经济的说法都过于夸张。一些人认为我们已经开始了AI革命,而如今的时代由工业数字化定义,由无处不在的、相互连通且高度自动化的设备驱动。另一些人眼里,这是一场新型工业化革命的开端,先进机器人与AI的双重力量改变了经济和社会。还有一些人谈到超级智能的黎明时代,它将在非生物智能超越生物智能时开启。从广义上讲,在宣布新时代来临的社会与政治理论中,AI是一种全面的技术性基础设施,而不是一种与全新的社会和文化实践相交融的系统。技术爱好者和一些助推者则提出更加激进的主张,认为AI的传播将成为社会与政治关系中的一种主要权力形式,成为全球经济的主要创新源泉。

然而,这种关于AI的过度夸大的主张并不是特别令人信服。一方面,这种说法基于一种假设,即经济和社会在很大程度上是由技术本身驱动的;而这种假设的应用场景是有限的。我们需要抵制一种被称为“技术决定论”的观点,即技术是一种会对社会产生影响的外部力量。我们不仅要认识到,技术变革是具有自主性的,更需要理解技术发展过程是如何与社会关系相互交织、并融入日常生活的。另一方面,我们需要理解技术创新是众多复杂的社会技术进程的核心部分,新技术嵌入到具体的多样化系统中,从而使得社会实践在时间和空间上具备可预测的重复性。AI 在塑造现代社会再生产与转型的过程中发挥了什么作用?这个问题与“系统”相关。复杂系统的特点是动态性、创新性和不可预测性。一些政界和主流媒体人士一直认为 AI 是一种新型的、自我封闭的创新体系,但这种观点是非常具有误导性的。我们将在本章中阐述,AI 实际上依赖于多个系统(包括技术系统和社会系统),这些系统之间相互联系,并产生持续的、不可预测的改变或逆转。所有类型的 AI 技术,包括超级计算机、大数据、3D 打印和物联网融合成的整体,形成了复杂的生态,这一过程被称为数字革命。但是,重要的是认识到新型技术系统也容纳了现有系统,包括移动电话、城市基础设施、网络计算机、国家电话系统等。此外,在使用“系统”一词来描述 AI 的发展时,我们需要注意不要落入技术和社会的二元性理论。布鲁诺·拉图尔(Bruno Latour)令人信服地指出,尽管技术决定论的诱惑依然存在,但过度开展社会技术变革也是存在风险的。系统可能总是由社会作为媒介的,认识那些实现复杂技术的组成元素也是很重要的。就 AI 而言,这些元素包括计算机终端、电缆、技术、物理环境等。

本章将研究 AI 在制度层面的转型。笔者把这些领域看作 AI 构成的复杂适应性系统的不同方面。AI 涉及许多复杂的非线性专家系统,这些系统涵盖一系列专业化、技术性的知识,由高度专业化的公司和组织构成,同时它们还可以实现进化、自适应与自组织。尽管许多评论人士强调 AI 会在当代带来指数级的变化,但这并不准确。这一观点没有考虑到的是,复杂的数字系统实际上高度依赖于之前出现的相关系统。这种相关性意味着,无论是现在还是将来都不可能以明确的方式计算、预测或者读取出变化结果。相反,相互依赖的复杂系统一方面具有稳定性和连续性,另一方面也会带来转型和变化。

4.1　复杂自适应系统与 AI

本节将重点讨论使我们生活实现自动化的复杂系统,以及我们的当代生活。大多数时候,人们仍然没有意识到这些在后台工作的系统;因此复杂系统可以说是在“幕后”运行的。在多数时间里,大多数人都没有意识到“系统”是如何支持他们的日常通勤、智能手机互动或者就医的。事实上,通常只有当某些事情出错或产生破坏性影响时,人们才会意识到他们对技术系统的依赖。日常数字服务中断的例子包括 Wi-Fi 故障、密码错误和电池未充电。正是在这样的时刻,人们常常意识到正是他们所依赖的系统保证了世界“平稳地”运转。从广义上讲,笔者认为通过 AI 技术造就或保障的自动化生活都是强大的、相互依存的、基于计算的整体系统的一部分,该系统组织了生产、消费、旅行、交通、休闲和娱乐,甚至影响了如今的个人情感、审美品位和私人生活。鉴于这些要点,笔者希望探讨在21世纪的发展中,这些复杂的相互依赖的AI系统是如何占据核心地位的。本书将重点关注与AI相关的核心体制变革:①AI的规模不断扩大;②新旧技术在AI中错综复杂的相互影响;③AI技术与产业的全球化;④AI在制度层面与日常生活中的普及;⑤AI复杂度的提升;⑥AI系统对生活方式、个人身份以及社区的渗透;⑦AI监控技术带来的权力转型。

4.1.1 AI的规模不断扩大

第一个重要因素与AI不断扩大的规模相关,AI是当今世界正在发生的数字革命的基础。不同国家开展的一系列调查很好地记录了AI技术的普及过程。基于几份市场研究报告,一项有影响力的估计得出结论:到2025年,全球AI经济价值将达到150万亿美元[1]。第3章已经较为详细地讨论了AI技术与全球经济生产力之间的关系,但重要的是要理解在这些经济和金融领域之外,还有其他关键指标表明AI技术在全球范围内的密度不断增长。一方面,复杂的AI计算系统保障了如今的社会生产与生活——包括工商业、消费、休闲和社会治理等方面。这些AI系统或基础性子学科正日益与我们日常的网络交互过程相融合,涉及机器学习、深度学习等数据密集型技术,谱计算,使用大量图像、音频和视频的计算机视觉技术,“云”操作与混合数据存储策略。相关系统促进了相对可预测的智能算法的部署,同时这些算法支撑着“AI即服务”。AI系统可用于确保过滤电子邮件收件箱,生成“智能回复”,利用网络通信在社交媒体上匹配用户,在互联网上提供建议与搜索结果，在全球利用聊天机器人协助客服。这些融合了 AI 的复杂技术系统对社会关系、通信、生产、消费、运输、旅游和监控进行重塑。一言以蔽之，AI 确保了重复性。因此，它与社会生产与再生产紧密相联。

全球范围内，在 AI 不断扩大规模和深化发展的过程中，有几个方面值得注意。一是世界各地越来越多的公司和组织正在使用 AI 的能力，以提高行业价值、增长利润。最近的研究表明，在中国、欧洲、北美、拉丁美洲以及亚太地区，AI 的应用显著增加[2]。跨国公司和大型公司已经将 AI 嵌入到多个功能模块或业务部门之中，同时并不令人意外的高科技企业在 AI 应用中走到了前列。这类研究的重要性在于，尽管在公司和组织层面存在显著差异，但很明显 AI 已经得到全球化应用。特别是在 2020 年前后，对 AI 的投资以前所未有的速度加快，而 AI 在金融、消费者分析和医疗保健等领域的影响力也显著提升。二是由 AI 驱动的企业和组织追求新型数据源的最大化利用，以及安全的数据共享，这使它们在很大程度上得到了重塑。三是在领导或高级管理方面，许多组织和企业越来越关注智能自动化的益处，致力于开发一种 AI 增强式决策，以支持创新和业务增长。因此，许多组织中出现了新型职位，如数字宣传员、智能设计师、数字知识经理和 AI 副总裁等。

4.1.2　路径相关的联系：新技术和旧技术

第二个至关重要的因素是 AI 领域新旧技术的相互叠加，尤其是数字技术与前数字时代技术的混合。广义上讲，我们思考技术的主要方式是给创新赋予特权，而不是关注旧技术的发展。在 20 世纪 50

年代和60年代的现代化理论中,历史被认为与进步性的驱动力相关联。主要的技术创新——蒸汽机、电力、计算机——通常被认为开创了一个新时代,取代了以前的社会组织形式,同时旧技术在生活中的重要性逐渐下降。然而,为了理解技术、技术变革以及技术在我们生活中的作用,近年来布鲁诺·拉图尔(Bruno Latour)和米歇尔·卡伦(Michel Callon)等社会理论家提出了全新的视角[3]。受这些观点的影响,大卫·埃哲顿(David Edgerton)在《旧世界的冲击》(*The Shock of the Old*)中提出,技术的创新性及其重要性在极少数情况下才是相同的。埃哲顿没有仅仅将技术看作一种发明,他讨论了技术是如何通过应用而得到发展。他揭示了技术根植于日常生活的实践方法,并从这种洞察中认识到一直以来新旧技术共存的方式。正如他写道:

> 关于前现代、后现代与当代,时间线总是混乱的。我们同时使用新旧技术,就像使用锤子和电钻一样。在以功能为中心的历史中,许多技术不仅出现,也经历了消亡与再生,并在数个世纪中融合、匹配。自20世纪60年代末以来,全球每年生产的自行车比汽车多得多;20世纪40年代,断头台重新出现,令人毛骨悚然。有线电视在20世纪50年代衰落,在80年代重新出现。本以为是过时的战舰在第二次世界大战中的应用比第一次世界大战更多。此外,20世纪甚至出现了技术倒退的案例。[4]

整体而言,旧技术会持续存在。从这个角度来看,它们并不会完全消失，可能会像新技术一样成为现实的一部分——即使它们的地位在某些方面发生了变化。“纸张技术”长久以来的重要性就是一个典型的例子，在高科技办公室内也是如此[5]。

这些见解将如何引导我们重新思考与 AI 相关的技术创新的影响？首先，可以说许多与 AI 相关的关键技术进展与最近出现的多种数字技术存在交叉，前者包括机器学习和神经网络，后者则涵盖与网络相关的技术创新（如 URL、HTML 和 HTTP）、Wi-Fi、蓝牙、GPS 和其他突破。但我们也可以注意到，在 AI 技术的形成与转化过程中，旧技术仍在不断普及。从这个角度来看，数字领域的 AI 技术显然与前数字时代的各种技术系统交织在一起。例如，电力系统技术支撑着 AI 技术发挥作用，同时机器决策技术有助于产业适应于电力需求，从而改变能源行业。同样，AI 视觉和传感器的发展支撑着物联网最新的技术进步，但它们也需要海底电缆通过网络传输相关数据。其中海底电缆技术可以追溯到 19 世纪 50 年代初，当时最早的海底电缆横跨英吉利海峡，连接英格兰与爱尔兰。如今，海底电缆与 AI 和洲际数据传输密切相关，该领域的投资也已高达数十亿美元，而海底电缆的容量还有用尽的可能[6]。

在 AI 领域为我们服务或与我们合作的新旧技术之间存在着强大的、在很大程度上不可见的相关性。今天的无线世界仍然与一系列有线技术错综复杂地交织在一起，其中包括前数字时代的电线、连接器和电缆。杰米·阿滕伯格（Jami Attenberg）在《这一切都可能是你的》（*All This Could Be Yours*）一书中描绘了这一点。小说的中心人物亚里克斯花费一半的时间用于充电，或者找地方充电，或者搞不清楚

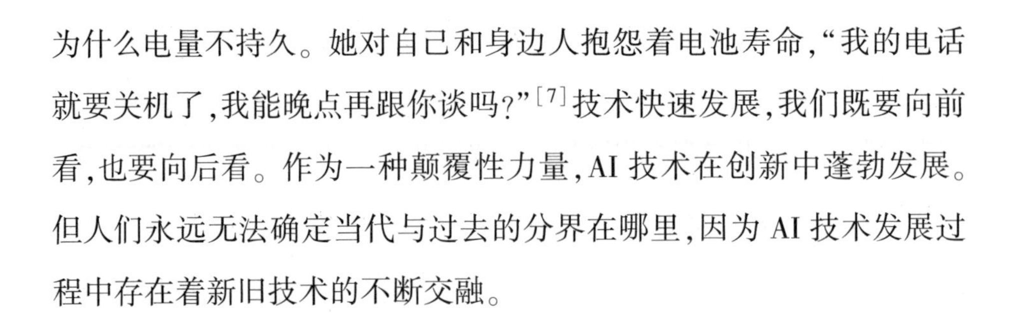

为什么电量不持久。她对自己和身边人抱怨着电池寿命,“我的电话就要关机了,我能晚点再跟你谈吗?”[7]技术快速发展,我们既要向前看,也要向后看。作为一种颠覆性力量,AI 技术在创新中蓬勃发展。但人们永远无法确定当代与过去的分界在哪里,因为 AI 技术发展过程中存在着新旧技术的不断交融。

4.1.3 AI 技术与产业的全球化

第三类变化与 AI 技术和产业的全球化相关。最近,这种全球化在本质上变得更加广泛和普遍。这一趋势有几个方面值得强调。首先,不管是高科技初创企业还是大型集团,AI 研究、创新和相关软件日益成为企业界的关键组成部分,它们的商业活动和经营范围都是跨国的。AI 跨国界进程的核心是各种跨国公司,主要包括将 AI 应用于面部识别安全系统 FaceID 的苹果公司,为消费者和企业提供 AI 服务的亚马逊公司,通过全球领先的搜索引擎和广告技术推广 AI 的谷歌公司,致力于开发机器学习和神经网络技术、在各行业推广沃森(Watson)助手的 IBM 公司,以及提供大规模 AI 工具和解决方案的英特尔公司。这些企业集团涵盖了全球经济从采矿业、制造业到金融业的各个领域,在世界主要经济区内整合和传播 AI 技术。正如跨国集团推动 AI 技术在全球的普及过程中发挥作用一样,全球经济领域中各种初创企业和小型分支公司在推动 AI 研发方面也发挥着关键作用。一系列知名的 AI 公司已经被强有力地融合到这种全球化的战略经济活动中,其中包括中国的字节跳动公司、英国的 DeepMind 公司、日本的 Preferred Networks 公司和以色列的 OrCam Technologies 公司。

AI技术和产业全球化的另一个方面涉及全球经济本身组织形态的巨大转变。这在很大程度上涉及全球资本主义技术基础的变化，特别是从工业经济向后工业经济的转变。已故的波兰社会学家齐格蒙特·鲍曼(Zygmunt Bauman)提出的“流动现代性”和“软件现代性”理论[8]，可以充分描述智能算法时代中的变化。鲍曼认为，如今软件驱动的世界是一个具有流动性的世界。我曾在许多场合提到“算法现代性”的兴起，它提供了另一种方式用于理解全球经济组织在时空中所发生的本质转变。所有问题的核心在于，全球化的增长是由AI领域新技术的发展所推动的。在智能算法、机器学习和大数据的推动下，一种新的全球化形式已经在世界各地造成了大规模的社会经济混乱。如今，AI的影响已经覆盖全球。爱彼迎是世界上最大的酒店服务公司，它没有酒店房间；优步作为世界领先的出租车公司，却不拥有汽车；而世界上最大的传媒公司——脸书，旗下没有记者。所有这些都是由AI自动化技术驱动的。

4.1.4 AI在制度层面与日常生活中的普及

第四个重大变革涉及AI在制度层面与日常生活的加速普及。AI正在帮助人们创造新的数字化与自动化的社会事件，形成连接特定组织和文化团体的密集网络，从而改变社会关系的动态。在日常生活中，越来越多的自动化活动正在发生，智能机器(或多或少)通过全球网络对数字信息开展即时排序、重组、编码和传输。随着社会变得前所未有的自动化，人们常常在未经思考的情况下就在与AI进行交互：在我们使用谷歌地图为汽车旅行导航时，使用优步软件预定车辆时,与智能手机内置的助手 Siri 或 Alexa 聊天时,或者观看 Netflix 和 YouTube 上的推荐内容时,等等。从这个意义上说,AI 是复杂技术系统的重要组成部分,这一系统的功能是为社会、经济、文化和政治生活提供背景或基础。正如亚当·格林菲尔德(Adam Greenfield)所敏锐指出的那样,这种信息技术"无所不在","无所不知"[9]。随着越来越多嵌入式传感器、数字仪表盘和交互式可视化技术的应用,客观物体和环境呈现"智能化",现在人们几乎总是与一些 AI 应用程序进行交互,而这些应用安排和重塑了我们的日常活动,涵盖购物中心、道路收费站、学校、办公室、机场等众多场所。

目前 AI 正在为世界"加载"数字信息和自动化功能。英国地理学家奈杰尔·斯瑞福特(Nigel Thrift)认为,由于自动激活技术的出现,世界正"被信息覆盖"[10]。AI 技术提供的信息交流和自动回复充斥着社会生活,造成了信息过载。实际上,这种信息过载是与数字化知识的追求相关的,知识数字化有利于创新、发明和人才培养,而最终可以达到盈利目的。对斯瑞福特而言,AI 是一种"理解资本主义"的方式:智能机器被投入到服务业中,目的是生成关于消费者的选择、购物偏好、独特品味、个人习惯、首选服务和期望产品的信息。从这个角度来看,AI 的职权范围越来越多地由公司企业界定。AI 在全球商业市场上的应用则涵盖了自动应答、在线客服机器人、客户服务预测以及动态价格优化。对于斯瑞福特而言,AI 的信息过载与自动化资源支撑着全球经济,而现在全球经济自身也正在产生知识创新。今天,AI 的这种普及已经成为提升公共服务、卫生、教育、警务、监督、环境等领域水平以及增强生产力和全球治理能力的同义词。

AI 在制度层面和日常生活中的普及也形成了一种新的隐形状态,这对社会和政治生活产生了重大影响。自动化组织和社会实践动态中发生的转变对公共和私人生活都有深远的影响,涉及传统的个体共存方式以及由各种软件和算法形成的社会性。软件代码、智能算法和相关的 AI 基础设施协议构成了环境中无形的一部分,并促进了个体之间以及个体与机构的交流;我们通过一系列设备、应用程序、可穿戴技术和自我跟踪工具所共享的个人数据,都是由一个隐形的智能机器系统制造的。这个不起眼的、几乎难以察觉的技术系统被斯瑞福特称之为“技术无意识”[11],它产生了多种连接、计算、注册、授权、传输、上传、下载和标签,并复制相关信息,保障了如今的社会生活。管理这种隐形系统中遇到的难题对个人和组织而言都十分棘手,有关内容参见 4.1.7 节。

4.1.5　AI 与复杂性

制约 AI 制度转型的第五个因素是复杂度日益增加的趋势,它制约了 AI 的制度转型。AI 技术的发展将科学与创新相结合,从而促进机器从数据中学习,而不是执行明确的编程任务。机器学习技术,包括由互联节点组成的自适应神经网络系统,涉及相当复杂的计算过程。例如,一个用于区分人类性别的基础深度神经网络需要数十万张人类照片和数十亿次迭代计算,才能达到一个小孩的能力。正如之前所述,智能机器模仿人类智能的能力深刻地影响着日常社会生活的特征。但这一能力也代表了科技与 AI 的一些最重要的交集。这方面最重要的发展之一与AI日益增长的复杂度相关。这意味着社会科学必须面对AI变得越来越复杂、甚至加速变得更复杂的部分。英特尔的联合创始人戈登·摩尔(Gordon Moore)通过观察总结出“摩尔定律”,即半导体上的晶体管数量每18个月就会增加一倍,从而提高计算能力和复杂度。虽然这一定律最初只源于经验性的观察,但在20世纪60年代后,它逐渐成为科技行业创新领域的指导准则。在工程师们将晶体管安装到日益精巧的计算机电路的过程中,它一直是科技行业寻求技术创新的特殊方法。

几十年来,AI及其计算能力的持续升级似乎印证了摩尔定律。然而,最近越来越多的争论关注于这种指数级的技术复杂度和创新速度能否持续。近年来,增加单个芯片中晶体管的数量变得越来越困难,技术小型化的局限性日益凸显。一些分析人士认为,摩尔定律已经走到了尽头。另一些专家认为,让AI接管创新过程,可以让摩尔定律重回正轨——利用机器学习本身来缩短芯片设计周期。还有一些人认为,量子计算的进步将从根本上推动计算处理能力和复杂度的持续升级。这场争论已经变得异常复杂,但也表明了AI机制本身极大的复杂性。

AI与深度学习技术目前所处的发展阶段很好地说明了这一点。2016年,DeepMind的AI围棋大师AlphaGo击败了世界上最厉害的棋手,成为头条新闻。然而,得益于深度学习方面的进展,2017年开发的AI围棋大师AlphaGo Zero击败AlphaGo达100多次。当然,AlphaGo Zero的复杂度确实高于AlphaGo。AlphaGo最初是根据10万多局对弈记录作为数据集进行编程的,这是它自学习的起点。相比之下,AlphaGo Zero 只利用了围棋的基本规则。神奇的是,AlphaGo Zero 通过深度学习学会了一切。程序的复杂性本身是基于棋子可移动的空间建立起来的,AlphaGo Zero 与自身进行数百万场对弈,实现自我更新,并成为围棋史上最强的棋手。随着复杂度作为 AI 的力量来源引起关注,复杂系统的社会影响正在发挥作用,而这同样适用于与 AI 进行多重交互、共同进化并身处网络中的人类。在 AI 时代,复杂性本身的含义已经变得越来越复杂。

4.1.6　AI 对生活方式的改变和对自我的渗透

第六个重大变革因素涉及复杂的 AI 系统对个人生活、社会身份和群体生活方式的渗透。驱动 AI 的基础技术设施以及原生系统不仅具备"外部性",也具有"内部性"。AI 包括"外部过程"以及"内部事件"。那种 AI 只与机构和基础设施有关的观念是错误的,它实际上同样与身份和亲密关系相关。换言之,AI 一直能渗透到自我与身份的组成结构之中。例如生活方式,涉及友谊、家庭生活、亲密关系以及身体。从聊天机器人到可穿戴技术、智能物品,我们今天所做的很多事情都有智能机器参与决策,都涉及复杂的 AI 系统。此外,这类决策往往不是基于传统的当面互动或者稳定的知识背景,而是基于数字化媒体和智能机器传递的信息。通常认为智能算法不属于生活领域,因为这个术语是指一系列机器计算操作,目的是执行数据处理、自动推理和其他任务。但笔者的观点是,如果不考虑生活方式的改变,我们就无法理解智能算法这一领域。

4.1.7 AI监控以及权力转型

第七个因素与复杂的AI监控系统产生的权力转型有关。由于智能机器和自动化过程对居民和消费者的行为进行记录、监视和跟踪，监控能力得到了扩大和加强，并成为控制当代社会的一种基本手段。AI的进步，尤其是与机器学习和深度学习相关的进步，已经在整个现代社会中催生了无处不在的新型政府监控系统，以及基于监控的商业模式。如今，利用自动化机器人操纵社交媒体、影响消费趋势、动摇政治观点的例子比比皆是。预测式AI根据消费者的个人喜好、设备使用情况和社交网络信息精准定位消费者。自动化软件在选举期间散布政治信息，通过越来越复杂的推特和脸书机器人传播"假新闻"。这种转变在公共领域也很明显，世界各国政府利用AI"推动"公民在卫生、教育、就业以及许多其他方面执行社会政策。预测式AI还有一个令人更为不安的、引发争论的方面。例如印度已经建立了AI实验室来监控在线社交媒体，并建立了大规模的中心数据库开展持续监控。预测式AI与大数据、超级计算机相结合，越来越多地被国家机构用于收集公民的行为和思想信息，在一些国家甚至用于监测人们的感受。

米歇尔·福柯(Michel Foucault)的著名观点认为，学校、医院、监狱和工厂都属于"全景监控"场景[12]。福柯认为，杰里米·边沁(Jeremy Bentham)提出的圆形监狱是现代纪律性权力的原型，它是一种典型的监狱，狱警处于中心塔的位置监控牢房里的囚犯。福柯关于纪律性权力的理论一度被激进化处理，又一度被认为是过时的，这在如今仍有争议。激进，是因为数字化监控涉及的自动化过程比福柯所预想的更具侵入性和完备性。从社交网络（脸书、Snapchat、Instagram）到移动支付（PayPal、苹果支付、谷歌钱包），再到互联网搜索引擎（谷歌、雅虎、必应），数字技术观察、监视、跟踪我们的公共和私人生活，同时成为一系列数字平台不可或缺的一部分。公司利用监控技术来跟踪网站地址，记录消费者的消费模式，存储电子邮件，操纵社交网络活动，并通过智能算法将结果关联起来。泽伊内普·图费克奇（Zeynep Tufekci）声称，“脸书是一个巨大的‘监控机器’。”[13]福柯的理论一度又被认为过时了，因为由复杂的 AI 系统驱动的数字监控能够实现公民/消费者的远距离跟踪。例如，囚犯现在可以通过脚镣等标记手段，受到 24 小时的电子监控。除此以外还可能出现侵入性更强的情况。远距离监控是否会越来越多地在工厂等工作场所为大型组织执行纪律性监控任务？这些问题将在第 7 章中详细讨论。

当代全球秩序中的数字化监控，以及正在普及的通过社交网络、生活平台自动化收集信息的过程，从根本上改变了国家权力与治理方式之间的关系。现在，AI 越来越多地进入监控领域，并逐渐成为日常生活、个人行为和社会关系的核心。AI、自动化技术和科学专业知识更普遍地在管理和控制大众方面发挥核心作用。但这种情况的出现，并不像福柯所认为的那样，是由国家当局监督惩戒权力的扩大导致的。如今，监控通常是间接的；人们之间的数字化交互（例如社交媒体）的主要特征是，并不存在一个可以观察、监视和跟踪个体的中心地点。

数字化监控从根本上来说是去中心化的,是一个互相关联的数字活动的海洋,其中包括人们在便利店自动激活借记卡时收集的信息,以及他们对脸书帖子的点赞。关键在于,这种去中心化、分布式的监控产生了一个近乎无限的数据库,其中的数据正是由监控过程自动记录的关于人们日常活动的信息。正是在这种人机交融的过程中,生活被卷入了自我移动、自我调节、模糊而碎片化的更广泛的监控过程之中。而且,还引发了假新闻、标题党和机器人形成的信息海啸。这里重要的不是来自上级的监控(尽管当局显然对"有组织的监视"保有很大程度的控制),而是日常生活中的既定实践有多大可能被监控。也就是说,政府的数字监控项目与被监控者间接的"监控信息输入"之间存在一种双向关系。非常重要的是,人们在日常生活中的琐碎活动,例如点击"喜欢""最爱"和"转发"时使用的数字技术,实际上以复杂的方式将日常事件与监控权力关联在一起。

如今与数字革命时代的监控相关的报道主要集中在经济影响上。这一结论是有充分理由的。关注亚马逊、谷歌和脸书等科技巨头的市值,你就会清楚地发现,全球领先的跨国公司都专注于个人数据的商品化。本书将在第7章继续讨论这一问题,本章主要研究肖莎娜·祖博夫(Shoshana Zuboff)等人的工作。然而,在分析监控对于现代世界的影响时,更多广泛的因素也很重要。正如本书将在第7章中详细论述的那样,AI时代中监控行为的核心维度是世界军事秩序。在了解其动态时,我们必须关注战争数字化、武器自动化与AI塑造的军事新技术之间的联系。在研究军事力量与AI之间的关系时,可以发现机器学习、计算机视觉和其他技术方面的最新创新,已经显著提升了现代武器的破坏力;例如,远程遥控航空系统和无人机形成的强大的组织影响力,就是发达民族国家军事力量自动化的一个典型例子。

4.2 人机接口与协同交互

我们发现,有强大的科技和社会系统支撑着 AI 的运行与宣传。可以说,这些系统是动态的、渐进的、不可预测的。因此,人们的生活、生命本身与这些涌现的、自组织的系统紧密联系而又相互依赖。同时,重要的是理解复杂系统理论所强调的内容,一方面 AI(包括其卓越的技术、惊人的创新,以及全球的普及和基础设施的建设)不能简单归纳为个体行为、动机、信念,另一方面也不能只关注 AI 本身具有的社会技术特点。最具社会相关性的一点是上文中所提到的,复杂的 AI 自适应系统的运行或“事件产生”的过程并不独立于人类的生活,也不是独立地嵌入各种社会和技术互动之中。我们需要理解现代生活是如何与自动化智能机器相关联的。从某种意义上说,这些复杂的数字化、自动化系统存在于时间和空间之外——这些强大的技术和社会系统的影响跨越了很大的时空维度,常常延伸到遥远的未来。社会生活结构的这些变化既具体又抽象。从并不严格的意义上讲,本章中定义的复杂系统指的是 AI 的制度化特征(或者结构属性)[14]。从技术层面的意义上来讲,这些复杂系统指的是一种组织原则,它能够在社会生产中帮助合理预测和规范人类与技术的交互过程。

然而,情况仍然十分复杂。还有一系列与理解 AI 的结构与系统特征相关的深层问题,需要特殊考虑。这些问题与社会行为者在人机接口技术中的角色与定位有关,主要涉及空间性、距离、沟通、认知以及对前端的影响等问题。在 AI 密集型世界里,越来越多的人生活在由自动化智能机器支持的环境中。接下来,本章将更深入地探讨复杂的 AI 自适应系统如何辅助人机接口实现协同交互过程,并讨论当代世界中的代理、自治以及信任问题。广义上讲,复杂的 AI 自适应系统既是人机交互的基础,也是交互过程所构建、复制或转化的结果。本书将按以下顺序讨论这些核心问题。首先,各种复杂的 AI 系统如何在人机交互中相互连接?其次,人机接口的概念——以及它们产生的相互作用——应该如何发展?第三,在研究半自治和自治系统中人们当面或远距离社交的新形式时,哪些层次的抽象是有益的?

4.2.1 复杂系统

近年来,人们广泛地讨论了强大的复杂系统与社会技术之间错综复杂的联系或互动。一些分析人士对系统和结构的概念表示怀疑,质疑这些概念能否对分析支撑社会生活模式的基础技术发挥作用。笔者并不认可这一质疑。本书在其他章节阐述了数字革命动态性、流程性的概念,这些性质主要体现在以创新性和不可预测性为特征的复杂技术系统上,有助于构建和维持社会与技术间的交互[15]。复杂系统与复杂社会技术结构之间的相互作用到底是什么?更具体地说,面向日常生活和现代机构中社会技术的交互,复杂自适应系统涌现出的特性如何体现它们之间的关联？对于这些宽泛的问题，可以在经济学家布莱恩·亚瑟(Brian Arthur)的著作中找到最清晰的思考。亚瑟指出，经济不是技术的容器，而是通过技术构建的。正如他写道：

> 我想说的是，经济的结构是由它所依赖的技术构建的，人们所选择的技术构成了经济的骨架。经济的其他部分(包括商业活动、博弈中不同参与者的策略与决策，以及由此产生的商品、服务和资金流)形成了肌肉、神经结构和血液。但是经济的这些领域被技术环绕，被技术塑造，最终形成了有目标的系统，并组成了经济结构。[16]

正如亚瑟所言，经济从技术中“涌现”。这是因为以复杂技术系统为中心的经济活动在时空关系上与经济结构相适应。系统与结构紧密关联。亚瑟总结道，“经济不仅随着技术的变化而调整，它还会随着技术的变化而不断重塑。”

亚瑟对经济如何随着技术发展提供了丰富而深刻的阐释。这种阐释对于理解基于AI的社会结构和经济关系提供了争议性的观点。如果我们以这种方式对AI进行概念化，可以看到在动态和自组织的微小交互和变化中，产生了不断进化的复杂的自适应系统。这样的微小互动(交流性的、数字化的、虚拟的和想象的)可能会带来更大的非线性的系统转变。因此，相关结构和系统永远不会完全稳定；他们的特点是变化性、创新性和不可预测性——正如本章开始对新旧技术相互作用的讨论中所提及的那样。复杂性强调的是,新技术如何提高人机跨时空交互的一系列能力,并将这些协同交互嵌入或重新嵌入复杂的、多样性的自适应系统中。在这一切过程中,系统与集体互动过程的自组织特性是至关重要的,它还具备动态性和流程性。亚瑟在经济与大脑之间做了一个有趣的类比,他认为我们可以发现“大脑不是概念和习惯性思维的容器,而是这些概念和习惯性思维运行过程中产生的东西”。从这个角度来看,我们可以说,AI 为数字技术搭建了一套生态环境,并由此形成了复杂的自适应系统,而这些系统贯穿人与自动化智能机器之间的自组织、协同交互之中,并被它们重塑。通过这种方式,AI 领域的创新可能成为 AI 技术进步的基石。

4.2.2 人机接口

从前面的观点可以看出,解决好人机接口概念化的问题至关重要。在日常生活的时空语境中,可以观察到社会行动者和自动化智能机器之间的动态交互,这是复杂 AI 系统的一部分,涉及重复、冲突、变化和转型。这些集体性互动发生在人们使用智能手机、坐在电脑屏幕前或佩戴自我跟踪设备前往任何地方的时候,通常涉及人们的意图或者关注点,但在清醒状态或潜意识中都存在。这就是斯瑞福特(Thrift)所说的“技术无意识”。所有涉及人与智能机器的交互——不管是条件反射式的有意识还是无意识的——都是通过接口进行的。作为第一种近似说法,我们可以说接口连接了人与机器。在 AI 环境下,连接了人与机器的接口的显著特征是正在普及的自动化——自动化的社会实践与生活都处在“自动驾驶仪”上。“接口，”马克·波斯特(Mark Poster)写道，“是人与机器之间协同的敏感边界，也是一种新型人机关系的核心”[17]。但是这一点上，出现了许多问题。AI 时代孕育的新型人机关系是什么？个人在日常生活中如何应对智能机器的侵扰？

要解决这些问题，一种方法是聚焦于支撑人机接口的社会性技术特征。在与自动化智能机器交互的环境中，社会角色的定位已经成为科学技术研究中最棘手的问题之一。要充分理解个人能动性与技术系统是如何广泛连接的，必须关注人机接口在时空中应对个人活动、社会行动者、移动设备以及多种机器、技术的复杂方式。幸运的是，我们不必从头开始解决这些问题。过去几年中，科学技术研究、组织研究和设计分析领域之间出现了显著的融合，并见证了人机交互领域研究人员的重要发现，涉及社会行动者与智能机器之间的协同交互。“交接”的概念在这里有重大意义，它将人工任务转交给机器和相关技术[18]。迪尔德·穆里根(Deirdre Mulligan)和海伦·尼森鲍姆(Helen Nissenbaum)对人机交互中的交接过程开展了重要的研究分析，但这一概念的重要性绝不仅限于他们的著作，或者直接参与科学研究的同事[19]。由穆里根和尼森鲍姆提出的交接概念，以本书中所关注的现象为起点，将曾经由社会行动者执行的任务、行动转交给自动化智能机器完成。这种现象是 AI 社会科学研究的核心。

穆里根和尼森鲍姆的研究方法主要基于识别转换过程，即通过 AI 增强的设备和技术，在社会自动化行动中，使一种类型的系统组件取代另一种类型。穆里根和尼森鲍姆将不同类型系统组件的操作和互操作视为中心问题,同时提供了不同的分析视角;但为了将任务交付给 AI 自动化技术体制,他们强调了以下因素。

(1)“交接”是指 AI“接管”了以前由社会参与者执行的任务。AI 的最新进展,特别是在自动化决策、图像标记、自然语言生成、数字处理和算法预测方面的进展,加剧了基本生产要素从人类向机器的转移。

(2)最近基于 AI 的自动化领域蓬勃发展,凸显了交接概念在理解自动化和半自动化系统过程中的重要性。举一个简单的例子,现代办公大楼的照明系统是通过运动传感器实现自动化的,而不依赖于人工开关操作。穆里根和尼森鲍姆认为,这种转变涉及将控制权从社会参与者移交给程序化的技术系统;然而,如果加入传统的交互界面,也可以帮助社会参与者使用开关来控制自动化系统中的照明和覆盖范围。自动化的社会技术配置通常以这种跨界的方式将计算系统组件与人类联接,并发挥作用。

(3)AI 驱动的计算系统越来越多地接管了以前由社会参与者执行的任务,其中也包括在不同类型的自动化智能机器上重新分配这些任务。

(4)这种交接涉及一些随时空进化的机能,而它们曾经由人类承担。在评估复杂自动化技术所蕴含的道德和政治价值时,这是一个关键问题。

(5)通过审视交接过程,代理、责任和问责等问题浮出水面。穆里根和尼森鲍姆举了一个例子,说明了控制移动电话使用的安全协议的变化。从用户设置的密码到指纹，再到生物面部识别，这种交接过程让社会科学家能够批判性地审视相关伦理和政治问题，以及人机访问控制功能中所嵌入的多种差异性配置。例如，在密码向生物识别技术演变的过程中，穆里根和尼森鲍姆观察到，在"设备本身的系统边界之外"，存在一个强大的扩展系统，"它通过要求个体使用个人生物特征（指纹、面部或脑电波模式）作为解锁方式，'使得用户与设备具有独特关联'，即'一个用户一部手机'"。

穆里根和尼森鲍姆提出的观点极具启发性。他们提出的交接概念可以说是朝着理解协同式系统动态活动的方向发展，但仍然远远不能充分理解这一过程。在设计领域，特别是人机交互研究中，这样一个敏感的概念已经引发人们对多个方面的赞赏，包括AI技术和先进功能在日常生活中的普及，以及这些技术如何促进用户群体、环境朝着文化多样性、复杂性的方向发展。尽管承认了更广泛的社会背景和文化用途，这类方法仍然是有限的，且通常是单向的，例如，缺少"反馈"过程[20]。

4.2.3　接口与社会行动者不断变化的定位

到目前为止，本书一直在强调人机接口的几个方面，并描述它们的一些一般性特征。最后一节将重点讨论社会行动者在面向人机接口时不断变化的定位，并更详细地研究这种相互作用的一些关键特征。也许从社会学的核心观点开始是有帮助的，即个体在日常活动中，在互动的情景中彼此相遇。在日常接触的社会场景中可以对习惯性活动进行整合，这种基本的社会组织形式长期以来都是社会交互作用理论和微观社会学的预设。尔文·戈夫曼(Erving Goffman)写道,人类的行为是在与他人的交互框架中发生的。值得补充的是,任何历史阶段中这些大量的"他者",都是互动环境中真实共同存在着的个体。在社会科学的发展过程中,共性的社会特征往往会发展为一种指标,或者一种探究社会性、相互性、同一性和体验自我变化的参数,与通信和信息技术的普及密切相关。通信媒介的出现,特别是传播交流形式(从广播和电视到互联网)的不断演变,对日常生活的互动框架产生了重要影响,并产生了额外的复杂性。随着20世纪以来新兴传播媒体的发展,人们的社交互动已经从面对面的方式转移到通过技术媒介沟通。这些发展对于探究人机交互界面建立的社会关系的本质具有相当重要的意义。在AI时代,我们如何才能更好地理解人类行为体与自动化智能机器共存的关键特征?AI技术是否必然与社会行动者共存?或者这些技术到底应该是远程、半自主还是自主的?人们使用AI技术(如先进的机器人或无人机)的过程涉及各种远程操作,社会空间的动态交互发生了什么变化?同样,人类与自动化智能机器的互动过程中,时间特征发生了什么变化?很明显,许多自动化技术,尤其是那些对日常生活中的事件进行排序或重新排序的算法,都深深根植于工程师和计算机科学家的社会假设与文化假设之中,并在不同的时空内使人与机器真正产生交互。

大卫·明德尔(David Mindell)从包括深海到外太空的"极端环境"大背景下对人机交互进行观察,并为实现过程提供了图解说明。在《我们的机器人,我们自己》(*Our Robots, Ourselves*)一书中,他回顾了自己设计极端环境下自动驾驶设备的经验(考察了无人机、潜水器和飞机自动驾驶仪),并推测这种增强的人机关系可能对日常生活中AI 的发展有一定影响[21]。明德尔关于人机交互的广义概念源于他对人机控制和半自主系统的一系列研究,这些系统有的位于空中,有的工作在海底。他认为,人类可以借鉴宇宙飞船的操作,学习使用半自动系统的方法,例如美国 NASA 的火星探测漫游车 MER(Mars Exploration Rovers)。2004 年,“勇气号”和“机遇号”登陆火星,“机遇号”为执行任务的科学家们工作了近 15 年。MER 是由地球上的科研团队控制的,他们在火星和地球之间的通信经常出现长时间的延迟。明德尔认为,MER 为地球工作小组提供了有效的能力“延伸”[22],NASA 的太空科学家成为了遥远的 MER 系统的一部分。这些科学家的身体并不处于太空探索的现场;但从某种意义上说,通过远程通信技术,这些科学家能够在遥远的太空探索中重新塑造他们的思想和想象力。

明德尔特别努力地想去揭穿所谓的“完全自主的神话”。对于他而言,机器人与 AI 完全独立自主运作的想法是一种乌托邦式的理想,是一种继承自科幻小说的威胁性观点。“自主性”,他写道,“改变了人类参与的方式,但并没有消除这一需求。对于任何所谓的自主系统,我们总能找到人类控制的接口,用于保证系统运作并返回有意义的数据”[23]。在某种意义上,对于明德尔来说,可以很简单地阐述人机交互的问题:一个自主系统是被社会事件打断,还是这种中断本身被设置为系统的一部分?他认为,开展分析任务的紧迫性是明确的:“我们必须深入了解人类的意图、计划和假设是如何被植入机器的。”这些内置实体包括:第三方代理,不可分割的文化性规则(已知的认知方式、默认的假设)，大型数据集和 AI 的其他技术维度。在这一点上值得再次强调的是，明德尔的技术专长是工程学，他对自主系统如何在人类环境中工作进行的思考在很大程度上具有印象色彩，而不具备系统性或社会性。然而，在《我们的机器人，我们自己》的最后一章"人类世界的自治"中，他确实汇集了非常广泛的主题。笔者认为，这些主题内容对于在 AI 密集时代建立人机交互理论非常重要。不可否认，我们的世界是一个具有"微妙自动切换模式"的世界，它包括"与机器形成更亲密的关系"；AI"作为人类经验的开拓者"，催生出"人类与自动化机器的新型混合体，它正在改变相关工作的性质以及从事这些工作的人"；在高科技的 21 世纪，远程的、半自主或自主系统的运作将成为"一种随时间推移的人类行为"[24]。当今世界的人机交互界面持续服务于自动化技术，过程中不断发生分离和重新连接，整体过于混乱以至于无法用内聚模型来理解。正如明德尔总结的那样："人类、遥控设备与自主设备正在共同进化，它们的界限正在模糊。"

或许，明德尔对于理解人机互动的持续性和扩展性最显著的贡献，可以在他对水下自主探索者(ABE)的描述中找到。20 世纪 80 年代末，明德尔参与了 ABE 项目。最初的计划是，自动潜水器(AUV) ABE 下潜到海底，使用一个系泊装置将自己固定在热液喷口附近，并定期切换"睡眠模式"和"苏醒模式"，从而测量和记录海底的地质生态系统。而这项任务从未执行过。相反，ABE 被重新设计，并与载人潜水器"阿尔文"(Alvin)号协同工作，它沿着一条直线在热液喷口上方来回巡游，利用声纳扫描并收集大量的地形数据，从而生成精确的地图。然而,ABE不仅仅是一台聪明的机器。没有系在母舰上的绳索,ABE能够自由操作;这需要巧妙的设计和大量的编程,才能保证ABE安全工作并返回阿尔文号,在意外情况下还需要重新浮出水面并寻求帮助。明德尔指出,科学家们选择用水作为介质进行复杂数据的传输,且在ABE的程序设计中设置了较高的信任度(第8章将讨论信任度在人机交互环境中的重要性)。在8500英尺的深度工作,"ABE初期的潜水过程很大程度上是不受人工操控的"[25]。随后的过程中,自动潜水器在相当长的一段时间内与人类操作者"失联"(因此,明德尔更倾向于使用"自主期"这一概念),恢复联系之后开始数据交换并等待下一步的指令。正如明德尔所强调的那样,自主性从来不是绝对的,自主性水平会周期性地上下波动,并通过定期的人际互动来调节;最重要的是,需要考虑多种因素,包括母舰的位置(及其船员和操作员),水下声学。将这些因素聚集起来,换句话说,构成了一个相互作用的系统。

明德尔的工作与AI时代人机关系理论发展之间的相关性是显而易见的[26]。明德尔关注的是自主阶段——自动化智能机器的解缚与重塑——并强调AI的自主与半自主概念总是存在于人类情境中。AI技术的自主水平变化是有周期性的。例如,无人驾驶飞行器开启了一段自主发展期,在此期间,操作员在一定程度上等待自主系统的回应,以便进一步交换数据、传输能量或更新指令[27]。当然,通信技术从来不是保持静态的,高速的数据传输意味着人工、远程和自主的操作模式之间的界限总是在明确或模糊的过程中变化。但是,正如明德尔所建议的那样,我们可以看到人机交互界面所反映的交互关系处于一种框架之中,人机关联在其中连接又断开、聚合又分离。这些框架有助于组成和调节人机交互过程。正如明德尔所坚持的那样,AI 的复杂结构是由人类程序员编码的。但除此之外,在人机交互层面上所涉及的人工操作总是在一定程度上等待着回应。这类接触的常见情景或特征包括:AI 会在一定时期内失去自主权;通信的丢失与恢复;人们(有时或经常)对周期性的反馈和自主性的恢复感到惊讶。正如明德尔所暗示的那样,在人机交互环境下工作的是人类操作员,他们"进入和离开云端,微妙地切换自动模式"[28]。

注 释

[1] Andrew Cave, 'Can the AI Economy Really Be Worth $ 150 Trillion by 2025?', Forbes, 24 June 2019. 这一估计是基于高德纳、麦肯锡和普华永道公司在此前做出的调查.

[2] McKinsey Analytics, 'Global AI Survey: AI Proves its Worth, but Few Scale Impact', McKinsey and Company, November 2019.

[3] 参见 Bruno Latour, We Have Never Been Modern, Harvard University Press, 1993; Michel Callon, Mapping the Dynamics of Science and Technology: Sociology of Science in the Real World, Macmillan, 1986.

[4] David Edgerton, The Shock of the Old: Technology and Global History Since 1900, Profile Books, 2008, p. xii.

[5] 埃哲顿写道,尽管有人声称新技术将在未来实现"无纸化办公",但在过去的 30 年里,全球纸张消费量增加了 2 倍.

[6] 据估计,数据通过 448 根海底电缆传输;其总长 120 万千米.2019 年海底网络世界大会报告称,2018 年海底电缆传输了超过 440TB 的洲际数据流量.当时估计到 2020 年,这一数字将超过 600TB.参见 'How the Internet Travels Across Oceans', New York Times, 12

March 2019.

[7] Jami Attenberg, All This Could Be Yours, Houghton Mifflin Harcourt, 2019, p. 102.

[8] Zygmunt Bauman, Liquid Modernity, Polity, 2000. See also Anthony Elliott (ed.), The Contemporary Bauman, Routledge, 2007.

[9] Adam Greenfield,Everyware: The Dawning Age of Ubiquitous Computing, New Riders, 2006.

[10] Nigel Thrift, 'Lifeworld Inc-And What to Do About It', Environment and Planning D: Society and Space, 29 (1), 2011, pp. 5-26. See also Nigel Thrift, Knowing Capitalism, Sage, 2005; and Nigel Thrift, Non-Representational Theory: Space, Politics, Affect, Routledge, 2007.

[11] Nigel Thrift, 'Remembering the Technological Unconscious by Foregrounding Knowledges of Position', Environment and Planning D: Society and Space, 22 (1), 2004, pp. 175-90.

[12] Michel Foucault, Discipline and Punish, Penguin, 1991.

[13] Zeynep Tufekci, 'Facebook's Surveillance Machine', The New York Times, 19 March 2018.

[14] 我在此处阐述的方法在很大程度上受益于安东尼·吉登斯的作品 The Constitution of Society: Outline of the Theory of Structuration, Polity, 1984,尤其是其中关于现代社会结构性特征的讨论.

[15] 参见 Anthony Elliott, The Culture of AI: Everyday Life and the Digital Revolution, Routledge, 2019.

[16] Brian Arthur, Complexity and the Economy, Oxford University Press, 2015, p. 136. This is also the source for the next two quotations from Arthur.

[17] Mark Poster, The Second Media Age, Polity, 1995, pp. 1-20. My thanks to the late David Held for bringing this aspect of Poster's work to my attention.

[18] “交接”的概念出现在一些机构研究报告中的重要部分,它已被用于描述团队间灵活开展工作协同的例行流程——例如 ICU 的不同医疗团队之间协同工作时,保证病人受到持续监护的过程.这些分析很大程度上借鉴了伦理方法论的观点,即在日常生活的实

践过程中,对"相互理解"概念的不断创造、维护和修正.参见 Curtis LeBaron et al., 'Coordinating Flexible Performance During Everyday Work: An Ethnomethodological Study of Handoff Routines', Organisation Studies, 27(3), 2016, pp. 514 - 34.

[19] 参见 Deirdre K. Mulligan and Helen Nissenbaum, 'The Concept of Handoff as a Model for Ethical Analysis and Design', in Markus D. Dubber, Frank Pasquale and Sunit Das (eds.), The Oxford Handbook of Ethics of AI, Oxford University Press, 2018.

[20] 整体上,这种方法的重点仍然在于具体实例的设计,但很少关注概念或研究结果的普遍性.

[21] David Mindell, Our Robots, Ourselves: Robotics and the Myths of Autonomy, Penguin Random House, 2015.

[22] 也可参见 David Mindell, Digital Apollo: Human and Machine in Spaceflight, MIT Press, 2008.

[23] Mindell, Our Robots, Ourselves, p. 10.

[24] Mindell, Our Robots, Ourselves, pp. 220, 223, 225.

[25] Mindell, Our Robots, Ourselves, p. 195.

[26] 对明德尔的工作与 AI 社会理论发展之间的相关性,两位作者提供了极具说服力的分析:Robert Holton and Ross Boyd, '"Where Are the People? What Are They Doing? Why Are They Doing it?" (Mindell) Situating Artificial Intelligence within a Socio-Technical Framework', Journal of Sociology, 2019 (Online First): https://doi.org/10.1177%2F1440783319873046.

[27] 明德尔指出,这种等待的时间与人们不了解智能机器当前和下一步的工作有关,因此人类操作员可能不清楚一个自动化系统到底是发生了故障,还是正在遵从内部决策树的指示.对于非常昂贵的 AI 资产而言,这种"不了解"可能造成重大问题:参见 Mindell, Our Robots, Ourselves, pp. 196-7.与此相关的还有高频交易(HFT)算法.该算法通常被视为全自动化市场的先兆——它们的运行速度已经超出人类感知的阈值,在人类操作者注意到这些交易之前,算法已经执行了数百笔交易.在一项有趣的研究中,贝弗里根

(Beverungen)和兰格(Lange)认为:(1)通常情况下,作为算法设计师的交易员们也不允许系统在没有监管的情况下运行太久(风险太高)——交易员一般会每隔 45 分钟对算法进行检查,甚至从睡梦中醒来去完成这些任务(为算法需求调整身体);(2)对算法的决策范围进行了明确的限制——他们指出,如果算法想要速度,就必须是“傻瓜式”的(因为在交易市场中,速度是关键因素).参见 Armin Beverungen and Ann-Christina Lange, ‘Cognition in High-Frequency Trading: The Costs of Consciousness and the Limits of Automation’, Theory, Culture & Society, 35 (6), 2018, pp. 75-95.

[28] Mindell, Our Robots, Ourselves, p. 198.

第 5 章

自动化与未来就业

工业革命总是会带来巨大的技术创新。其中的本质是更高的效率。第一次工业革命是由蒸汽驱动的，第二次是由电力驱动的，第三次是由计算机驱动的，而第四次是由 AI 驱动的，也就发生在我们如今生活的时代。然而，工业革命的前景不仅关乎技术效率，也关乎社会组织。20 世纪初，费城一家钢铁公司的年轻经理对工人和他们的产出进行了评估，随后出现了根本性的变化。那个工厂车间的领班是弗雷德里克·泰勒（Frederick Taylor），为了找到工厂车间效率低下的原因，他用秒表对工人完成任务所需时间进行计时。泰勒曾试图将工作分解为一系列与工厂机械有关的任务，这些任务由可以量化的流程或程序组成，目的是提高生产效率。泰勒和他的弟子们将合理化原则应用到机械化的工业过程中，相关理念形成了后来的泰勒主义。这种“合理化”引发了人们对工作场所内时间与动作的细致研究。为了从员工身上获取最大价值,这些研究对那些重复的、可预测的工作进行了计时、评估和分析。基于福特汽车工厂里一条生产汽车的巨大的中央装配线,泰勒模型通过时间控制让工厂的流程变得具体化。在福特工厂,泰勒主义成了“科学劳动组织”的同义词,其结果是工人被重新塑造为机器中可调节的“齿轮”。

随着泰勒主义的制度化,工厂管理者对手下的工人进行管理、安排和监督,同时工业革命要求工厂像执行军事行动一样运作。发展到如今的自动化经济,一种新的数字化管理形式占据了主导地位。现在,管理通过软件实现数字化和可操作性,移动和便携式设备替代了秒表成为新的技术产品。随着算法控制的自动化设备取代大规模、集中式工厂里的劳动密集型机器,新的工作组织方式得以实现。机器学习、智能机器人和语音识别软件方面的技术创新改变了管理科学实践方式,促进了海量数据的获取,形成了综合的、以订单为目标的就业工程。然而,与一些唱衰的观点相反,泰勒主义仍然存在并蓬勃发展,现在还得到了AI技术的支持。泰勒主义的数字化、算法化版本比泰勒的支持者们所能想象到的还要强大。与传统的泰勒主义相比,新技术支持更加复杂的员工绩效管理。泰勒主义体现在许多开创性的转变之中。智能算法、分析软件和自动化智能机器的其他发展是决定经济和社会发展方向的核心力量,也引发了“机器人将夺走我们的工作”的担忧和预感。但员工和其他分支机构已经被重新定义为先进自动化的“支持者”;自动化经济的到来引发了广泛的争议和讨论,标志着员工将被全面重新定位为“自动驾驶员”。

自动化智能机器对于工作、就业和失业的影响是本章主要研究的问题。机器人的崛起对于分析当代经济和社会至关重要,但自动化的影响是复杂的,我们面临的紧迫任务是对制造业、服务业和专业领域就业岗位所受到的不均衡的影响进行评估。这是本章第一部分讨论的内容。同样重要的是,要考虑自动化机器人技术如何与全球数字经济交融,以及员工可以通过哪些手段来应对(甚至直面)这些剧变。在这一点上,随着 AI 革命的到来,关于增加教育、培训和技能训练的全球性讨论是其中的关键内容,这些将在本章的后半部分进行叙述。

5.1 机器人取代工作:人工智能,自动化,就业

21 世纪初,随着 AI 的浪潮席卷全球,许多员工产生了担忧,觉得不久后机器人就会取代他们的工作。毕竟,人类员工有自然的限制,他们在工作后需要有规律的休息,每年需要假期,而且参加繁重体力劳动的时间受到严格限制。相比之下,机器人超越了人类的自然极限。本质上,机器人的工作场所非常灵活;自动化机器人可以按照程序一周工作 7 天,一天工作 24 小时,没有休息时间,没有假期,无所谓加班。随着工业机器人的出现,工作日和工作周的商业定义被拉长,世界各地的报纸专栏作家和媒体提出了一个根本性的问题:“机器人会毁掉我们的工作吗?”而媒体对机器人时代的降临时间展开了激烈辩论,同时政策分析师着手预估未来几十年内最有可能被机器人取代的行业。不同地区开始面临新的经济现实,越来越多的工作已经

实现自动化。这在初级制造业、蓝领工作和体力劳动中尤为明显。在建筑行业，出现了一种名为 SAM 的砌砖机器人，每天可以砌 3000 块砖，比人类的效率高出 1 倍以上，半自动化建造技术随着 SAM 的出现而成型。在零售行业，货架审核机器人开始取代许多雇员。同样，这意味着用工更少而工作效率更高。有一种叫做 Talley 的货架审核机器人可以连续工作 12 个小时，审计量达到 2 万个，准确率高达 95%。麦当劳等大型快餐连锁店也引入了自动售货亭，顾客可以自己制作外卖而无需他人协助。餐厅的厨房也同样实现了自动化，有些机器人被引入厨房与厨师一同工作，而有些则可以单独工作。汉堡制作机器人 Flippy 的 AI 程序中嵌入了摄像头和热传感器模块，用于控制汉堡肉饼的烘烤和翻转过程，这在很大程度上重新定义了“快餐”。

如果要全面考察 21 世纪前 10 年内通过自动化技术替代劳动力的技术和经济力量，将大大超出本章的讨论范围。机器人对经济和社会生活的日益渗透成为当代社会的关键特征，强调这一点是至关重要的。正如我们将看到的，许多研究试图评估 AI 驱动的机器人对就业的影响。同样重要的是在当前这一时期，必须认识到就业和经济领域的自动化程度有所提高，尤其是经济领域。没有人会怀疑，在所有发达经济体中，AI 软件机器人已在不同程度上占据了越来越重要的角色。从制造业流水生产线到网络零售业，机器人技术的飞速发展已经以惊人的速度取代了工作岗位。但现在很难获得确切的数据，尤其是各国之间的比较数据，部分原因是随着相关技术的不断发展和创新，机器人领域的发展过于迅速。国际机器人协会估计，全球有 300 多万台可运行的工业机器人。部署工业机器人的五大经济体分别是中国、韩国、日本、美国和德国。这些经济体中,随着工厂内的机器和系统组成的网络越来越多地集成了自动化流程, AI 软件机器人在全球制造业中发挥着至关重要的作用。世界经济论坛将 1987 年定为美国的关键拐点,那一年,被机器人取代的工作岗位不再有相同数量的类似岗位补充[1]。从那时起,工业自动化机器取代了越来越多的岗位,重要的是,这些岗位不会再出现。

那么,这一切意味着什么?两位来自牛津大学的教授对这些影响进行了评估,他们分别是经济学家卡尔·弗雷(Carl Frey)和机器学习专家迈克尔·奥斯本(Michael Osborne)。2013 年,他们开展了相关研究,并得到总体结论——美国 47%的工作面临被自动化机器替代的风险。这不仅佐证了笔者所谈到的“变革主义者立场”,而且成为全球媒体的头条新闻。弗雷和奥斯本利用美国政府的数据库,考察 AI 软件机器人对失业可能造成的影响,并进行了量化,他们根据未来自动化机器的可能发展对 700 多个职业进行了排名。在此强调,弗雷—奥斯本自动化工作指数是为了评估可能实现自动化的行业。这项研究的目的并不是预言到底有多少工作岗位将由机器人承担。尽管如此,许多人还是将这项研究解读为一种预测。然而,弗雷和奥斯本的研究清楚地表明,几乎所有行业都会受到自动化的影响。根据这一观点,机器人的崛起威胁着工业制造、运输、物流、建筑、仓储和零售业的工作岗位。弗雷和奥斯本表示,具备专业性和管理性的工作更受保护。因此,装配线工人、卡车司机和电话销售员都很容易失业。相比之下,职业理疗师、幼儿园教师、管理顾问和土木工程师则更加稳定。

这些确实是深刻的变化;就业不再像过去那样,而机器人技术的日益进步使得工作岗位面临风险。即便如此,一些批评人士仍然认为,AI 软件机器人会以极快速度造成更大范围的就业岗位流失,而这一速度会超过以往的任何经济动荡或工业革命。根据马丁·福特(Martin Ford)提出的那种变革主义的悲观论调,机器人的崛起意味着未来的失业。自动化智能机器和多功能机器人的发展,伴随着原有领域就业形势的破坏。对于常规性、重复性的工作来说尤为如此。毕竟,这就是机器学习的全部意义所在:对于一些基本可以预测的工作,它让员工们所掌握的那些经过测试的、可信赖的技能变得无足轻重。随着时间的推移,这种常规的、重复性的、可预测的工作最容易受到自动化的影响。员工的技能组合——身体能力、协调能力——不再简单地由我们的算法世界来衡量。在就业和失业方面,一些评论人士远不能确定是否可以避免灾难性的情况;尤其是在几乎每个经济部门的就业岗位都受到冲击的情况下。正如福特写道的:

随着机器承担起这种常规的、可预测的工作,人们在试图适应这种情况时将面临前所未有的挑战。过去,自动化技术往往是相对专业化的,一次只会影响一个行业,然后人们会转向一个新兴行业。如今的情况完全不同。信息技术是一种真正通用的技术,它的影响将是全面的。[2]

由于 AI 是一种基础深厚、用途广泛的技术,就业者们没有安全的藏身之所,也没有安全的行业可供迁徙。可以说,机器人的崛起标志着工作岗位的瓦解。福特说,自动化技术“正把我们推向一个临界点,它最终将使整个经济体的劳动密集程度降低”。从零售业、医疗保健到高等教育,所有领域都将受到它的影响。福特认为,未来可能的结果是大规模失业、严重的社会不平等,以及全球经济内爆。

然而,对于这种将 AI 软件机器人等同于未来失业的阐述,我们有充分的理由质疑其中的每一个观点。自动化技术日益占据主导地位,显然已经对全球经济产生了重大影响。但是,相关结果似乎并不符合上文中关于就业领域遭到破坏的描述。首先,机器人技术和自动化智能机器的进步意味着工作岗位的拆分,但不一定是毁灭。自动化技术将岗位重新分解为一系列任务,将工作划分为具有一系列任务的某些流程,其中每个步骤都需要掌握特定技能、技术的专业人员。人类的技能可能越来越会被技术创新所排挤,但并不存在一成不变的、可以毫无疑问地实现自动化的工作。相反,工作包括各种各样的任务,需要的特定技能和知识形式都与某种技术相关。这一见解反过来又使人们对机器人技术和自动化工作之间的关系产生了一种截然不同的看法。从这一角度来看,或许最突出的贡献要数埃里克·布林约尔松(Erik Brynjolfsson)和安德鲁·迈克菲(Andrew McAfee)合著的《第二次机器时代》(*The Second Machine Age*)[3]。关于机器人技术对就业的影响,布林约尔松和迈克菲比福特更为乐观。这一点从书中的副标题“辉煌科技时代的工作、进步与繁荣”中就可以明显看出。他们认为,数字技术的辉煌已经到达了一个“拐点”,后续自动化将带来更高的生产率——更多的商品、服务、教育、医疗保健，而这些成果将由世界各地的人们共享。工作肯定会面临压力，尤其是常规的、可预测的工作。但是，虽然自动化技术将减少低技能水平的体力劳动者的工作机会，但这一不利影响将被增加的高技能信息工作者的岗位所抵消。在接受《哈佛商业评论》(*Harvard Businese Review*)采访时，布林约尔松总结了目前的情况：

> 技术进步可能会让一些人(甚至很多人)落后。然而，对其他人来说，前景是光明的。对于一名拥有特殊技能或教育背景的员工而言，这是一个最好的时代。这些人可以创造和发现价值。然而，现在不是学习普通技能的好时机。计算机和机器人正以惊人的速度学习许多基本技能。[4]

这些观点被一些评论人士称为“第二种力量”，他们认为自动化技术创造的就业机会将多于它摧毁的岗位。一些证据对这种观点提出了相当大的质疑，但从表象上来看，随着先进技术的自动化，可能出现了新的就业机会。杰夫·科尔文(Geoff Colvin)的《被低估的人类：高成就者知道永远不会出现聪明的机器人》(*Humans Are Underrated: What High Achievers Know that Brilliant Machines Never Will*)为自动化技术重塑就业提供了一个复杂的解决方案。科尔文认为，在自动化的过程中，员工们失去了将自己作为持续学习者和高价值技能载体的信心。但在新型经济中，重要的是对专业技术、信息知识的重新利用，以及在沟通、社交和情感能力方面的技巧磨练。这并不排除一种可能性，即在一段时间内，先进技术消灭工作岗位的速度可能比它创造新工作岗位的速度要快；科尔文也认同可能会出现这种情况。但总的来说从长远看，当前科技和就业的发展可能会使社会繁荣，为人们创造就业机会，而这种工作的前景是使我们的“生活不仅得到经济上的回报，而且在情感上感到富足和满意”[5]。这种乐观前景可能令人振奋，但在如今自动化技术转型的过程中，困难仍然是存在的。即使“技能培训”和“再分配”能够有效培养出高技能信息工作者，但从目前的全球形势来看，AI 软件机器人对工业化国家员工的就业和收入造成了很大程度的负面影响。一项有影响力的研究估计，工厂每部署一台工业机器人，就会减少 6 个工作岗位[6]。这样的数字很难支持之前的观点，即自动化技术创造的就业机会将会多于它摧毁的岗位。

5.2　自动化职业——机器人经理

当代的自动化系统首先出现在工业岗位上。被发达资本主义驱逐出的人类劳动力迅速取代了许多行业的员工，尤其是汽车行业或其他形式的制造业。最初，人们认为大多数高技能、以知识为基础的工作不会因为自动化产生剧变。虽然工厂里没有技术的工人们要么被机器人技术取代，要么被更年轻的劳动力取代，但那些体面的职业在人们的想象中是安全的。法律、医学、建筑、会计：这些职业不仅能获得丰厚的经济回报，而且有望终身就业。一些评论人士甚至认为，与整个数字化变革过程发生之前相比，全球自动化过程引发的剧变将使专业人士与管理者处于更有利的境地。在这个背景下,AI 软件机器人摧毁了非技术性和半技术性工作,同时创造了需要大量技术知识的新工作。经济学家称之为“以技能为导向的技术变革”。经济学家在这里所说的很重要,只是部分正确。制造业机器人技术所体现的自动化过程引发的剧变实际上是一个整体趋势,它要求专业人士和管理人员对世界的认识越来越多地具备技术性导向,以便使算法企业发挥作用。也就是说,它要求以知识为基础的专业人士和管理人员在态度上发生改变。简而言之,知识型员工需要管理机器人。

在这个过渡的早期阶段,许多公司开始以一种类似计算机的方式运作。至少,这是理想状态。具体而言,企业仍然需要员工,但“偏重技能的技术变革”意味着严重的员工空心化。随着半熟练员工越来越多地被先进的自动化机器所取代,高技能员工(中层经理、财务、主管)不得不照看机器人,而从事非技术性工作的员工则需要在公司或企业内完成日常的手头工作。这种公司和计算机之间的联结借助自动化的力量得以实现,这种模式席卷了车间与企业,改变了大大小小的公司。自动化、计算机化的资本主义形式摧毁了许多工作者的工作机会,却创造了巨额利润。在21世纪的头几十年里,无论是在公司、企业、高级管理人员培训会,还是在政策讨论、战略经济思考中,自动化机器人技术无处不在。逻辑非常清楚:机器人似乎比人类更擅长工作,算法似乎比管理者更有效率。

然而,这种自动化、计算机化的资本主义的核心是焦虑。对于那些仍在岗位上与超高效的机器人一同工作的低技能员工而言,他会非常担忧自己的工作很快会实现自动化。对于高技能的经理和主管而言,他们也有着不同的、可能本质上是相互关联的恐惧、预感和焦虑。这些担忧也与自动化的整个过程相关,特别是自动化管理系统的不断进步所引发的焦虑。不管管理者的工作量有多大,也不管他们对手头的任务投入了多少精力,总有一种令人不安的想法出现,认为机器人、大数据和机器学习可以更好、更快、更有效率地完成工作。事实上,这些担忧是有依据的,因为越来越多的公司解雇了中层管理人员,并安装了自动化管理系统。与此同时,许多低技能或无技能的员工恐惧地等待机器人来接管他们的工作,却很快发现机器人反而成了他们的经理。

尽管关于全球经济中自动化、一体化的程度仍有相当多的争论,但加强行业内部和行业之间整合的趋势是明确的。关于自动化机器人技术对专业技能的侵蚀,理查德·苏斯金德(Richard Susskind)和丹尼尔·苏斯金德(Daniel Susskind)的《工作的未来》(*The Future of the Professions*)一书为我们提供了已知的最好的阐述。两位作者认为,当代的自动化系统支撑着许多AI软件机器人,使它们承担了许多曾经只能由专业人员完成的任务。通过审视律师、医疗保健专家、税务顾问、管理顾问和架构师的工作,理查德和丹尼尔确定了各种职业的技术模式和趋势。他们的核心观点是,技术自动化带来的破坏性会导致传统职业的瓦解。传统上,这些专业人士是专业知识的守护者;经过多年学习,他们成为了律师、医生或建筑师,这反映了专业知识的复杂性;专业人士在客户或病人的个人层面上,关注他们独特的情况,提供定制化的解决方案,相应地处理每个问题。相比而言,如今的专业知识正在经历"分解":专业工作被细化为各种组成部分,分解为可预测的、独立的任务,从而提供自动化的技术解决方案。这涉及专业知识从“定制化”到“自动化”的大规模转变,文件准备、建议、判断等工作从“手工制作”转向“自动生成”。

如果说专业知识的分解证明了自动化机器人技术对高技能、技术性工作发挥作用过程的全面影响,那么管理的自动化也展示了算法秩序是如何在组织内部和跨层级的工作之间起作用的。随着人们对算法秩序的探索从专业领域扩展到管理领域,专业知识分解为多个精简流程的趋势也在加剧。技术工程职业已经出现机器人医生、自动化建筑师和在线律师。预先设计的管理、监督和指挥自动化系统也用于管理呼叫中心、仓库和其他部门的智能机器。我们将会看到,这种算法性的强制力量会在相同程度上对员工和组织运作产生影响。

管理领域也出现了与专业领域类似的情况——算法主宰一切。但是,这种软件资本主义向中间管理层的过渡需要公司人力资源部门具备额外的操作艺术。世界各地的人力资源部门开始普及“信息资源手册”,以便让下属明白未来的主管、领班或部门经理可能实际上是一个机器人。许多公司高管将中层管理人员的离职视为一个突破性的机会,开始布署先进的自动化管理系统,并将此过程伪装成“员工授权”或者“人力资源支持”。无论如何,直接监督下属的工作量、任务和活动已经不属于经理的工作——或者更准确地说,不再是公司仍然保留的那些少数经理的工作。现在,管理人员的主要任务是有效地操作软件应用程序和自动化系统,使员工在持续的监控下达到最佳表现水平。这种分水岭式地向软件资本主义的转变造成了一个后果,就是管理团队人员的急剧萎缩,有时只剩下两三个管理人员来管理几百名员工。管理团队可能已经所剩无几,而剩下的主管们仍会在车间或仓库里巡查,主要是在平板设备的引导下,监控工作任务的各个方面以及员工与机器之间的协同。自动化的软件系统催生了这种持续性的对员工无处不在的监控,提供了必要的数据,这样管理者就可以在员工生产率下降时指导员工何时应该提高工作速度。这是算法驱动型管理的新篇章,包含了对员工工作一丝不苟的、细致入微的、泰勒式的权威性监管。然而,与福特汽车工厂的集中化、层级化命令链条不同,自动化软件的管理和部署是分布式的、去中心化的、网络化的,而且很大程度上是隐形的。

乔什·齐扎(Josh Dzieza)详细报道了包括亚马逊、优步和谷歌在内的许多龙头企业先进的自动化管理新技术。这种算法管理指令被齐扎描述为一种自动化的泰勒主义:

调度算法无处不在……廉价传感器、网络和机器学习的出现,让自动化系统承担起更细致的监督角色——不仅在仓库这样的结构化场景中,还涉及员工携带设备的任何地方……当价格跟踪程序绑定到仓库扫描仪,或者出租车司机安装上GPS应用程序时,它就能实现一种精细化管理,而这种规模是泰勒做梦也想不到的。曾经如果想监控每个员工在不到一秒的时间内完成的动作,或者每辆卡车在一秒钟内行驶的路程,需要雇佣足够多的管理人员,成本会高得令人望而却步,但现在可能真的只需要一秒钟就能获取所有信息。这就是

为什么最积极地采取这些策略的公司都采用类似的形式：大量低收入、容易被取代的兼职人员或合同工处于底层；一小部分高薪员工设计了管理软件，并在顶层进行管理。[7]

工作场景的消失如同世界末日一般，齐扎的描绘令人担忧。然而，自动化管理对"员工携带设备前往的任何地方"的侵入，可能比上述内容所暗示的更为阴险。一旦人们意识到越来越多的人携带智能手机四处行动，就会对此问题产生争论。

调度算法深入挖掘了工作者的任务、活动和角色。在工作中，任何自主性的迹象都会导致情况恶化。有一些引人注目的例子揭示了自动化管理系统是如何不断地、无情地让员工发挥最大能力的。调度软件是其中一个例子，它可以协调满足预测的消费流量所需的最小员工数量，自动化管理程序不断发出设备调试信号，鼓励员工加快工作速度。对于调度算法，不稳定行为、休息或懈怠的时间也在技术性设计之中。齐扎解释道：

与我交谈过的每一位亚马逊员工都说，是自动化的强制性工作节奏，而不是工作本身的体力需求让这份工作变得如此折磨。任何懈怠都将导致自身被系统永久优化，并且没有任何休息或恢复精力的机会。

人们可能会认为,工作已经完全按照军事化方式进行改造了;这种想法是可以接受的,毕竟这种类比有一定程度的真实性。但是,由于工厂或仓库里仍有一些管理人员,调度算法在军事化框架中的应用并不像娱乐环境中那样戏剧化。事实上,这些新的、改进了的自动化管理技术,在遵循军事化原则的同时,也遵循了真人秀的模式。正如齐扎指出的那样,一些经理模仿媒体中体育节目播音员的角色——通过仓库内的对讲机进行广播,“上半场鲍勃排在第三位,每小时完工 697 台”。

时间是这些算法所主导的新技术考虑的主要因素。公司和组织提供了工作的时空环境,当代制度的目的可以理解为创造基于时空关系的互动环境。可以认为所有组织都是由时间上的规则化协同构成的,这是“跨世界的时间性”规则,鲍曼(Bauman)称之为“行为预知”:组织知道人们可以做什么、什么时候做,以及如何做这些事[8]。在经济和社会领域的工业组织(甚至后工业时代组织)中,时间是具有社会性的,存在于“实地”谈判中,锚定于本地设置中,体现在公司会议、员工的组织性互动以及经理与下属的讨论之中。这种组织性的时间基础为员工提供了固定的支点,它是一种关于职业生涯的宏大叙事。相比之下,如今运算时间占据主导地位。运算时间是现代组织中一种普遍而精确的时间计量模式,它使工作与一系列规则化应用程序的数量成正比。自动化生产依赖于先进的计算和通信技术以及算法运行过程,本质上涉及那些与机器打交道的人们的活动模式。“协商时间”在工业时代的意义,就像“运算时间”在当代的意义。但是,再次强调其中的核心问题,就是这些变化都深度侵入了工作。

今天自动化生产工厂的实际产出是由算法效率决定的,计算需求、信息超载和持续存在的对工作自动化的恐惧,过度支配了员工在机构中的自我地位感受。这不可避免地会导致令人精疲力竭的工作需求。正如齐扎的一位受访者总结了自动化生产条件下的工作体验:"有时你下班后回家直接睡了16个小时,或者工作一周后感觉一整天恍恍惚惚、不能专注,感觉糟透了,你因为工作后遗症也失去了工作以外的时间。"

5.3 全球化、全球化机器人与远程智能

到目前为止,我们已经看到自动化机器人技术不仅深刻地影响着商品制造业,也影响着专业界和服务行业。当前非凡的全球性革命连接着AI、先进机器人、大数据以及加速的自动化进程,在很大程度上推动了经济和社会变革。在当今以自动化为中心的资本主义中,全球化的力量变得越来越强大和无处不在。由机器学习AI驱动的自动化机器人技术引发了全球范围的影响。据估计,全球工业机器人市场的价值超过400亿美元;服务行业的机器人没有可比较的数据,但在AI芯片与5G电信服务新发展的推动下,全球对专业服务机器人领域的投资力度一直很大。重要的是要明白,如果没有AI的突破和创新,当今先进的自动化生产力发展会缺乏动力,全球化和机器人之间错综复杂的交互也不可能存在。跨国公司的运营已经将AI和自动化机器人劳动力深度整合到区域性和全球性的生产网络中,这种全球生产的一体化也使消费者市场和消费者服务领域的组织形式

产生重大改变——这些市场和服务也正在经历快速的自动化进程。

尽管自动化机器人技术已经取得了非凡的进步，但当人们谈到机器人时，仍然倾向于想到实体机器人。这种想象与工业机器人非常契合，它们可以承担货物组装、包装、装卸、黏合、焊接、堆砌和物料运输。但在语言翻译、虚拟现实、增强现实、远景呈现等服务领域，这些工业机器人就不那么适合了。为了打破这种文化僵局，以及更好地理解机器人与全球化的双重力量是如何重塑服务业和其他专业性工作的，理查德·鲍德温（Richard Baldwin）创造了一个新名词“全球化机器人”。这是一个不太受欢迎的词，因为它反映了在全球化发展进一步深化的大背景下，深度学习、协作软件程序、虚拟移民或远程办公等新兴技术力量的崛起和突破。正如鲍德温所写的那样，“由于我们处理、传输和存储数据的能力以爆炸式的速度增长，全球化机器人也迎来了爆炸式的发展……全球化机器人正向我们的社会—政治—经济体系（通过淘汰岗位）注入压力，其速度快于我们的体系（通过创造岗位）吸收压力的速度”[9]。

考虑到塑造权力关系和企业战略的这两种变革力量（全球化和机器人）强强联合，商业前景很可能像往常一样黯淡。在这样的背景下，人们常常会认为全球化只与机器人产生了融合。然而，鲍德温认为更激进的事情正在发生——机器人技术的进步扩大了全球化机器人的势力范围；同时，作为机器人革命的结果，全球化的重塑正在发生。像许多变革主义作家一样，鲍德温看到了最近的技术进步（比如机器学习），曾经由熟练专业人员完成的工作转移到自动化流程中。机器学习在医疗诊断或保险索赔评估等任务上体现的自动化能力也只是刚刚崭露头角。更重要的是虚拟移民、远程机器人技术和全球数字化移民所带来的颠覆。“旧的全球化是以外国商品的形式开展的竞争,”鲍德温写道,“但这次的全球化浪潮将以虚拟移民的形式出现,而参与者就在办公室开展工作。”[10]

先进的机器人技术、大数据、虚拟现实和增强现实技术的互联从根本上改变了工作的性质。其中的关键,是全球化长期以来承诺的、如今通过全球化消除的时空距离。鲍德温看到,现在所有的工作都是远程完成的。全球化转型的核心是雇佣在线的外国自由职业者完成项目。全球经济正在发生一场大地震,其中的表象之一就是大量的企业巨头正在招聘人员开展远程办公。这样的例子比比皆是:施乐(Xerox)和甲骨文(Oracle)的远程项目管理岗位,希尔顿(Hilton)和凯悦(Hyatt)的远程酒店管理工作,或者戴尔(Dell)和德勤(Deloitte)的远程工程架构工作。此外鲍德温指出,远程办公的兴起是深层次的、结构性的。有许多模式和方法可以促使人们开展跨国界的数字化协同工作。如果 eBay 的作用是将人们和公司连接起来以便在网上交易商品,那么还有大量的基于网络的新型适配平台,它们可以将员工与企业联系起来,对服务进行交易。它们包括 Upwork、土耳其机器人(Mechanical Turk)、跑腿兔子(TaskRabbit)、古鲁(Guru)和克雷格列表(Craigslist)等自由职业平台。

虚拟移民是将服务工作外包到廉价和非工会劳动力国家的重要途径,公司通常受到有限的(如果有的话)政府监管,并享受低税率。作为一名正统经济学家,尽管鲍德温在很大程度上对虚拟移民带来的经济利益持积极态度,但已有很多文章对这种新的全球化劳动分工提出了严厉批评。暂且不论全球经济动荡是否有益(以及对谁有益),值得强调的是,这种海外工作的相关描述表明,相对廉价且普遍存在的新技术在不断消除岗位、就业和商业的地理限制方面发挥着重要作用。从 Slack、微信等通讯应用软件,到谷歌翻译等机器翻译程序,再到沉浸式协作的虚拟现实系统,鲍德温认为,全球化带来的剧变为员工、自由职业者、远程工作者、数字移民和世界各地的管理团队提供了跨国界的支持。

随着数字技术越来越多地侵入专业领域和服务行业,更高水平的即时性、效率和社会运行速度使人们在某些方面变得更加激进,远程工作也以越来越新颖的方式走向世界经济的中心。正是基于这一点,鲍德温引入了远程智能的概念:人们将越来越多地远程指导智能机器。他说,我们正在进入遥控机器人的时代,引导这些机器人的数字移民往往身处其他国家。正是在这个领域,全球化进程与机器人技术有力地融合,并戏剧性地重组,最终以机器人遥控技术的形式出现。例如,鲍德温谈道,居住在秘鲁的远程工作者通过机器人遥控技术清洁纽约的酒店房间。他认为这可以将劳动力从地理限制中“解放”出来,为公司和企业节省大量成本。他指出,今天在英国,一个酒店清洁工每月收入约为 2250 美元,而做同样工作的印度工人只能挣 300 美元左右[11]。如果一家伦敦公司雇佣印度工人操控机器人,那么每人每年可以节省 2.3 万美元。远程机器人技术可以将机器人园丁、在线护工在内的各种工作转移到全球的廉价劳动力地区。鲍德温声称,AI 和实验性通信技术,网真机器人以及写作软件的广泛应用,将对未来的全球经济产生非常深远的影响。

这种阐述面向全球化进程与机器人之间的联系，对多个方面都具有很强的启发性。它阐明了先进的机器人技术是如何越来越多地将富裕地区员工的工作转移给发展中国家技术员工的，有助于人们理解远程机器人是如何改变岗位、工作。但在其他领域，这种说法仍然有局限。一方面，它可能过于臆断。在《全球巨变》(*The Globotics Opheaval*)出版前几年的一次采访中，鲍德温首次指出了远程机器人技术的重要性。然而，尽管鲍德温后来在书中提到了机器人的远程遥控，但他仍然主要关注远程办公。更标准的意义上，远程办公意味着为发达经济体提供服务而部署数字化技术。与其简单地复述远程机器人技术出现的细节，还不如在更广泛的背景下研究这类技术在就业领域的应用。但就目前的情况来看，鲍德温的讨论回避了远景呈现、远程工作以及远程技术机器人在改变经济和社会的过程中涉及的关键问题。

围绕远程机器人和未来工作的一系列趋同性发展已经开始，有些出现在《全球巨变》出版之前，也有许多出现在那之后。2018年，总部位于硅谷的可靠机器人公司(Reliable Robotics)开始运营远程驾驶的塞斯纳飞机。这一自动飞行系统由航空电子软件、通信系统和远程控制接口组成，由一位飞行员在地面监督[12]。2020年，连锁的全家便利店在东京门店的货架上引入了遥控机器人。这些机器人由位于其他地点的员工使用虚拟现实应用程序操作。美国Postmates公司开发了一系列远程操控技术，包括可穿越人行道的自动机器人，它可以将餐厅准备好的饭菜等商品送到家庭和办公室。远程操作员监督这些“自动化员工”的工作，在需要的时候介入并操控机器人。自动驾驶汽车也出现了新的发展,自动驾驶出租车和其他送货机器人由远程操作员监督;这些操作员通常位于数千英里之外,在遇到困难情况或发生事故时,他们可以控制汽车。远程机器人的兴起意味着它对未来工作的影响是无法估量的。这会导致未来员工数量出现增加的趋势吗?或者说会有一种"技术后冲"的现象卷土重来,即人们越来越反对高科技公司以至于阻碍技术创新?当然,确实有可能产生重大影响,但鲍德温的分析仍然不能令人满意。他很清楚,远程机器人技术对未来就业产生了深远的影响,但他仍然认为,服务岗位的数字化外包是全球化机器人革命的核心。为什么是这样?远程机器人技术并不一定局限于离岸外包的模式,可能还会出现其他的商业和文化应用模式。我们需要对这些社会技术变革进行更深刻的评判,以便全面阐述全球化、先进机器人和职场变化之间的联系。

关于鲍德温所拥护和重申的技术创新将会带来进步、繁荣和竞争力的说法,还存在一个问题。远程遥控机器人技术的普及可能确实为企业和消费者提供了一系列新的好处和意想不到的可能性,但如果在描述这些技术发展的过程中,没有考虑到逆向趋势的重要性,就会产生误导。因为同样明显的是,许多科技公司和机器人开发者所认为的"客户友好型"机器人很可能会导致个人的不满、心理错位和不信任。一些研究人员已经在远程机器人技术的用户群体中发现了这种负面情绪。例如,受访者谈到,一想到远程操作人员在打扫酒店房间时可能通过机器人的眼睛监视他们的活动,就会感到"毛骨悚然"。这种对远程机器人技术的反对成为了技术后冲现象的一部分。对许多人来说,这些担忧并非小事。作为回应,AI 领域具有开拓性的研发公司需要通过创新方式，让远程机器人对客户更加敏感，例如，确保酒店清洁工机器人只能看到酒店的场所。关于这种商业回应是否能够获得广泛的消费者信任，只有时间才能证明。当然，这样的技术后冲已经影响了许多政策的制定和讨论，部署新技术产品面临着各种税收政策、禁令和法规的限制。同样，这种正向和逆向趋势都需要分析。

在鲍德温关于全球化机器人的描述中，还存在另一个局限性。他似乎不能更普遍地分析生产和社会关系转变中的交叉性技术。鲍德温提到远程遥控机器人，似乎主要是因为这符合他的总体观点，即全球化机器人意味着先进的、无与伦比的自动化劳动力。但是，如上文所述，有一些重要的逆向趋势。全球化不是一个单向的过程，它可以帮助员工应对经济变革带来的变迁。例如，出售给医院的网真机器人可以让医生远程查房。医疗机器人不仅可用于将专业技术工作外包给其他国家，还可在偏远地区或不发达国家辅助外科医生进行手术。正如本书中所强调的，在理解技术和社会之间错综复杂的联系时，我们应该警惕所有类型的决定论。远程遥控机器人的出现，很可能会顺应这一全球性趋势，甚至从根本上推动这一趋势；但对于远程遥控机器人是如何与虚拟移民、远程智能、数字外包和全球离岸外包的发展进行交互，鲍德温并没有进行严肃讨论。这很可能意味着，在远程遥控技术的商业化和公共化部署场景中，往往依据离岸、外包、返岸和近岸地点综合使用自动化机器人技术。作为一个实际的政策问题，远程遥控机器人代表着全球经济中潜在的巨大就业份额。但是在当前的关口，全球化机器人所暗示的消除空间距离的能力似乎被夸大了。即使有新技术的支持(或通过新技术增强能力),员工通常仍会与他人一同工作,并与客户进行眼神交流。在先进的AI时代,这种情况会持续多久还是悬而未决。但随着遥控机器人越来越多地接手相关外包工作,现在最重要的是通过复杂的全球系统对技术进行组合、讨论或验证,以风险最小的方式消化新技术、迎接未来。

最后,不管鲍德温对面向AI时代的准备工作提出了哪些有益的建议,他的论述并不能提供一个合理的框架,以广泛地分析我们个人和集体对未来就业的观点。鲍德温认为,工作者应该专注于培养机器人缺乏或难以实现的能力。随着自动化从商品制造领域发展到服务制造领域,人类的技能、认知、社交、情感在劳动领域被重新定义。应对自动化剧变的一种方法是重新学习技能或参加培训。但鲍德温认为,整体而言,教育并不是解决问题的方法。为了应对全球化革命,人们必须抓住教育机会,以提升人类特有的技能,而不是追求自动化机器可以实现的能力。鲍德温写道:"在培训方面,我们应该向软性技能投资,例如团队协作能力、创造力、社会意识、同理心和道德。这些将成为职场需要的技能,因为机器人不擅长这些事情。"[13]这一提议的难点在于,它几乎没有告诉我们自动化工作场所未来在短期和长期可能出现的差异。鼓励人们培养软性技能或许有助于应对当前的先进机器人浪潮,但面向未来的工作世界,这还算不上一个合理的策略。我认为,鲍德温对未来工作的解读中,一个更大的缺点在于它聚焦于人们改变自己的知识基础,不断学习社交技能,并为特定领域的知识投资;可以说,这似乎是逃避未来的最后一搏。这里存在着一种潜在的生存主义幻想,目的是领先自动化智能机器一步。

问题是人们真的想过这样的生活吗？如果自动化的结果意味着人类技能的无效,那么还有什么替代方案呢？

5.4　赋能:教育,技能重塑,二次培训

在AI时代,自动化对人类技能以及就业领域的侵蚀越来越严重,尽管我们或许并不惊讶,但仍会感到沮丧。先进的自动化技术现已深深扎根于我们的社会,扎根于当前的各个行业,毫无疑问也会融入未来行业中;因此人们希望工作者适应环境、重塑定位,改造与AI技术有关的技艺、能力。自动化逐步渗透到制造业、服务业和专业领域,从这个意义上说,相关发展变得越来越密集。作为AI革命的重要组成部分,自动化机器人技术的崛起与公共政策领域密切相关,该领域涉及工作者需要的、面向未来的、最适用的技能和知识。政客、政策制定者、经济学家和评论人士最普遍的反应是,人们需要更多的教育、培训和技能。终身的、持续的、每天都在进行的教育是发达经济体中个人适应新型自动化时代的核心,这种终身学习能力也被世界经济论坛命名为"21世纪的技能"[14]。人们普遍认为,这些"新人类技能"包括批判性思维、人际交往技能、社交技能和情感技能等高级认知技能。

面向先进的自动化,"更多的教育"意味着人际交往能力的建立以及重构,在AI驱动的环境中发挥人类的判断力、意志力,以及通过提出关键问题、设定团队目标、持续获得反馈来实现团队成员的协作,从而提升和完善人类的能力。一些评论人士和政策制定者走得更远,他们认为在未来AI时代实际上有可能实现可靠的就业。这一

目标不仅意味着更多的教育,而且意味着更高级的教育,重点是与工业和公司直接挂钩的跨学科项目和二次培训。在这种情况下,可以预料到教育会重新给工作者赋权;在这里,教育被视为一种手段,以解决自动化带来的挑战和威胁。在社会、文化和经济构成的整体生活中,每一个实例都是如此。要想战胜先进的自动化技术,人们最需要的能力包括谈判技巧、批判性思维和创造力。即使这些能力不是你的强项也没关系,因为许多专家已经认定,可以在整个人群中广泛培养这样的基础技能。

在这一切中,又出现了一种潜在的幻想:自动化机器是工作者的敌人。在面对高级自动化时提到"更多的教育",意思就是工作者需要设计出新的方法与机器人、算法竞争。丹尼尔·苏斯金德(Daniel Susskind)洞察到这一困境,他在《没有工作的世界》(*A World Without Work*)一书中写道:

有些人可能会对"竞争"一词感到愤怒,而更愿意使用那些暗示机器协助人类的众多术语:增进、强化、授权、合作、协同。不过,尽管这样的措辞可能会让人感到安慰,但他们没有正视正在发生的变化,反而传递了一种不准确的印象。现在,新技术确实可能在某些任务中对人类起到辅助作用,满足人们完成一些任务的需求;但是……这种安排只有在人类比机器更适合完成这些任务的情况下才会发生。然而,一旦情况发生改变,这种有益的补充力量就会消失。机器提供的补充力量只是一种暂时性的帮助:竞争,在任何特定任务中为保持自身相对于机器的优势而开展的永无休止的争斗,才是永恒的。[15]

苏斯金德强调的获取技能的"永无休止的争斗",是我们当代自动化社会中普遍存在的。苏斯金德认为,对新技术的探索是一种提供"暂时性帮助"的"补充力量"。这确实是正确的,因为在一个不断发生技术变革的自动化世界里,获得技能并不能使人们处于安全轨道上。撇开那些旨在培养新能力、竞争力、行为方式和知识的通用教育培训项目,在这个被摩尔定律的魔咒所束缚的算法生活中,新技能贬值和迭代的速度越来越快。

在自动化社会所处的时代,人们最想要的教育干预措施是那些能够提高灵活性、适应性、创造力和企业家精神的提案。总的来说,在一个 AI 驱动的世界里,能够将培养这类能力的课程融合在一起的教育项目具有重要价值。这是因为(现在和未来)这类课程的需求量是很大的,它被认定为一种最佳的"保险策略",可用于应对自动化机器人进步带来的无休止的波动、切换、跳变和其他意想不到的冲击。奇怪的是,在许多后工业社会的 STEM(科学、技术、工程和数学)领域,学习活动也只是被设计为向新技术领域提供"暂时性帮助"的"补充力量"。这些学科领域一直被认为可为学习者理解 AI 系统核心原理提供基础。然而许多评论人士指出,政府将 STEM 优先设为安全的未来职业领域,主要是源于年轻一代的野心;特别是他们多样化的利益取向,以及获取技能的不同水平、选择机构的不同志向。其他评论人士则认为,面对自动化劳动力市场的流动性和变化,STEM 课程并不能提供足够的保障。

从另一个角度来看,我们很容易理解 STEM 的优先级。长期以来,世界各国政府都将硬核科学视为技术创新和发展的核心,并将其作为经济繁荣的象征。毕竟在 AI 时代,自然科学无疑最适于实现“适应性技术”和“个性化学习系统”,能够更好地应对先进自动化的挑战。简而言之,自然科学是机器智能时代不断制造机器的关键。然而,正如苏斯金德所指出的,“人类最终能否继续从事制造机器的工作仍值得怀疑”[16]。如果连机器制造都要外包给自动化的智能机器,那我们还能做什么?大卫·奥托尔(David Autor)认为,存在两种难以被自动化的工作任务,它们是:①主动解决问题、说服别人,以及个人直觉;②需要人际互动和情景适应的非常规任务[17]。教育机构在应对这些非常规任务时,开始教授新技能;为了适应这些教学内容和方式,人们可能会认为人文、艺术和社会科学可以更好地从更广泛的实用主义角度提高劳动力市场所需的能力。当然,许多教育家也是这样认为。尽管如此,近年来世界各国政府都在忙于实施紧缩政策,包括对社会科学和人文科学领域的资助进行前所未有地削减。

在先进自动化时代,重新开展技能训练所需的认知框架可以说已经发生变化,重心从日益自动化的技术转移到人本身,包括批判、社交和情感等能力的经验性重构;认知框架被重新定义为一个更广泛的、围绕着与智能机器协同完成技术工作的语义网络。在人类与智能机器的关系中,技能发展框架的重塑就是克里斯托弗·考克斯(Christopher Cox)所说的,通过“技术工作者自我重塑”实现的人类智能的技术性增强[18]。考克斯指出,“新领工作”(new collar jobs)的范围包括数字化设计、云计算、网络安全，以及教育、政府和私营组织之中涉及二次培训、技能重塑的市场化工作。考克斯表示，“新领”对AI正在摧毁就业岗位的论述更为平和，并为创造更符合当前就业现实的科技工作提供了新的机会。这首先涉及人类与机器之间的一种新的合作关系。考克斯审视了传统学位教育的式微，重新评估了市场提供的实用性技术机会，他认为“新领员工的培训和招聘比大学教育更注重技术能力。相比而言，‘新领’概念强调‘白领’‘蓝领’的二分法已经过时，同样过时的还有它们所代表的教育、培训和就业能力”[19]。对考克斯而言，自动化经济兴起的过程与“学习经济”的发展是同步的，学习经济使公司能够更全面地对新领工作技能进行捕获、生产、承销，并实现商品化。自主技术的重塑成为自主工作的推动器和增压器。要实现自主工作，需要大型企业、私营和公共部门创造、培训和雇佣新领员工，并推动一个持续的进程，在数字化市场的变化过程中不断地通过反馈实现一系列产业升级。

欧盟委员会在其有关AI的各种公开声明和政策举措中确定了为当代人类赋能的核心目标，但可以说，这并不是一个好兆头。作为欧洲AI战略的一部分，欧盟委员会AI高级专家组在2018年提出了数十项“为人类赋能、造福和提供保护”的提案。在就业领域，这些提案一方面涵盖了与AI系统和技术互动所需的技术和技能，另一方面意图不断更新以技能为中心的教育，以便让员工适应经济和社会的自动化进程。这些考虑是至关重要的，但目前的形势还不足以在应对技术性失业挑战的同时为人类赋能。如果我们希望充分理解这一挑战，必须看到个人（如工人、雇员、公民）的赋能与一系列更广泛的社会变化交织在一起,人们不仅仅是需要获得新的工作技能。正如鲍曼所言,"'被赋能'意味着能够做出选择,并对所做出的选择采取有效行动,这反过来又意味着人们在社会环境中塑造和追求可能性时,有能力影响各种可用选择的范围"[20]。鲍曼提出的这些广泛的经济和社会挑战,让我们对政府和公民面临的严峻问题有了一些认识。在高科技、自动化的社会背景下,赋能不能局限于满足更多的技能、二次培训和教育方面的需求,它必须包括个人能力和资源的真正发展,从而使人们决定自己的工作对于生活的地位,以及生活对于时代的地位,并对结果产生影响。

注　　释

[1] 世界经济论坛在2016年的另一份报告中估计,15个发达国家的净失业人数超过500万.参见 World Economic Forum, 'The Future of Jobs: Employment, Skills and Workforce Strategy for the Fourth Industrial Revolution', 2016.与此相关,国际劳工组织(International Labour Organization)预测,在不久的将来,菲律宾、泰国、越南、印度尼西亚和柬埔寨超过1.37亿员工可能会被机器人取代.参见 https://www.theguardian.com/technology/2017/jan/11/robots-jobs-employees-artificial-intelligence.

[2] Martin Ford, The Rise of the Robots: Technology and the Threat of a Jobless Future, Basic Books. 2015, p. xvi.

[3] Erik Brynjolfsson and Andrew McAfee, The Second Machine Age: Work, Progress, and Prosperity in a Time of Brilliant Technologies, Norton, 2014.

[4] Amy Bernstein and Anand Raman, 'The Great Decoupling: An Interview with Erik Brynjolfsson and Andrew McAfee', Harvard Business Review, June 2015.

[5] Geoff Colvin, Humans Are Underrated: What High Achievers Know that Brilliant Machines

Never Will, Penguin, 2015, p. 10.

[6] Daron Acemoglu and Pascual Restrepo, ‘Robots and Jobs: Evidence from US Labor Markets’, Journal of Political Economy, 128, 2020, pp. 2188-244.

[7] Josh Dzieza, ‘How Hard Will the Robots Make Us Work?’, The Verge, 27 February 2020: https://www.theverge.com/2020/2/27/21155254/automation-robots-unemployment-jobs-vs-human-google-amazon.

[8] Zygmunt Bauman, Liquid Modernity, Polity, 2000, p. 56.

[9] Richard Baldwin, The Globotics Upheaval: Globalization, Robotics and the Future of Work, Oxford University Press, 2019, p. 5.

[10] Baldwin, Globotics, p. 7.

[11] Richard Baldwin, ‘Forget A.I. “Remote Intelligence” Will Be Much More Disruptive’, Huffpost, 11 January 2017: http://www.huffingtonpost.com/entry/telerobotics_us_5873bb48e4b02b5f858a1579.

[12] 参见 https://www.flightglobal.com/airframers/with-tesla-and-spacexcredentials-start-up-flies-pilotless-caravan/139905.article

[13] Baldwin, Globotics, p. 268.

[14] World Economic Forum, New Vision for Education: Unlocking the Potential of Technology, World Economic Forum, 2015.

[15] Daniel Susskind, A World Without Work: Technology, Automation and How We Should Respond, Allen Lane, 2020, p. 156.

[16] Susskind, World Without Work, p. 158.

[17] David Autor, ‘Why Are There Still So Many Jobs? The History and Future of Workplace Automation’, Journal of Economic Perspectives, 29 (3), 2015, pp. 3-30.

[18] Christopher Cox, ‘Augmenting Autonomy: “New Collar” Labor and the Future of Tech Work’, Convergence: The International Journal of Research into New Media Technologies, 26 (4), 2020, pp. 824-40.

[19] Cox, ‘Augmenting Autonomy’, p. 832.

[20] Zygmunt Bauman, Liquid Life, Polity, 2005, p. 124.

第 6 章

AI 导致的社会不平等

AI 不仅影响工作和收入,还影响人们在日常生活中的惯例、习性和判断。从医疗保健到交通运输,从社会不平等到性别问题,我们的众多日常活动越来越受到机器编程技术的影响。第 5 章讨论了自动化技术和先进的 AI 是如何改变各行业的岗位并造成失业的。本章将探讨 AI 进步所带来的转变是如何普及的,而这会在私人生活、自我认知和生活方式的层面上带来惊人的机遇和广泛的风险。如果 AI 越来越多地应用于组织、政府、企业和安全机构,以及通信、旅游和休闲行业,那么重要的是必须认识到智能机器的崛起也意味着生活方式的改变。换句话说,智能算法在体制化生活中的加速应用已经深深地融入我们日常的行为方式和决策方式。

必须强调的是,AI 与生活方式之间的交集与社会的分化之间存在很大的重合。以性别为例,科技行业的性别问题是众所周知的,许多批评人士认为,作为计算机科学的一个分支,AI领域的企业基本上是由男性主导的,在其技术、程序和产品中还复制了性别等级制度。毫无疑问,在AI的发展历程中,女性的代表性严重不足。因此,政府、企业和其他有关机构应发挥积极作用,寻找合适的激励措施,鼓励更多女性作为创新者和企业家参与AI领域。但AI中的性别问题不应该仅仅从女性在该领域的参与度或科技行业的历史性偏见来理解——尽管不可否认这些担忧是重要的。AI和性别问题的交集更多的是指在智能机器时代,男性和女性如何互相联系,以及人们在日常生活中如何理解性别的意义。与性别相关的生活方式也在产生影响,智能算法倾向于将在线招聘广告的定位设为传统的由男性主导的职业,而不是面向女性和非二元性别人群。AI再现了过去的性别歧视模式,即自动化招聘技术模型经过训练会优先考虑男性的简历,而非女性,甚至保留了其他性别歧视的刻板印象。这些例子可以被视为AI技术在社会层面失败的应用案例;也可以被视为工程师和程序员构建算法,让女性在劳动力市场收益降低的案例。但同样地,问题远不止于此。如今AI的功能不仅仅是重组特定领域的决策活动。更确切地说,生活方式的确定是与自动化机器技术相关的,而且越来越多地通过自动化机器技术实现。例如,我们每天做出的关于吃什么的决定,会将我们与性别规范和性别身份联系在一起。但这些决定不仅仅是个人行为的结果。如今,消费者可以在智能手机上收到饮食建议和提示,AI支持的软件会推荐个性化食谱,并根据生物特征、节食需求和食物偏好提供膳食建议。人们越来越多地在自动化技术和智能机器形成的复杂数字系统的背景下做出决定。

在我们的算法世界里,生活方式的相关问题涵盖个人生活与公共生活领域。人机交互界面影响着人们生活的各个方面的“决策”。这当然与性别有关,但也与种族、年龄、残疾、不平等和其他所有社会划分的标签有关。数字技术和智能机器辅助的决策为公民创造了巨大的优势,往往对我们的生活产生长远的益处。日常民主化过程中,通过人机交互进行的决策形成了日益增长的影响力。从检测人们血糖和器官功能的智能传感器和机器学习技术,到提高教育指导水平的机器人导师,智能机器提升了自由度,从这个意义上来说是有助于实现个人自主化。自动化智能机器执行了许多在以前被认为是依靠人类的独有能力才能完成的任务,从而使人们能够使用数字化技术以新颖的方式工作,保持跨越时空的亲密关系,并增强社会、文化、经济、政治、意识形态和宗教领域的交流。另一方面,AI 能够以极快的速度和极大的规模强化社会不平等。这很容易在自动化决策系统中看到,这些系统强化并加深了按阶级、种族和性别产生的不平等。新形式的算法压迫是先进 AI 社会的核心组成部分,企业、政府、利益集团和非国家组织推行强大的数字化技术,将个人和社区排除在外。更令人不安的是,大公司和政府越来越多地利用算法能力来观察、记录、跟踪数字化技术的使用者,并开展监控。总的来说,无论是在个人还是公共生活领域,很明显,人们一方面被 AI 赋能、被鼓励参与创造性的过程,另一方面又被现有技术排斥,反而增加了社会不平等;这两个过程相互交叉、相互冲突。自从先进的 AI 和自动化机器技术问世以来,自主与失控之间复杂的相互作用就对生活方式的变化产生至关重要的影响。

在一个多样化选择与自动化机器技术紧密结合的世界里，参与性和复杂性的概念有着特殊的意义。麻省理工学院临床心理学家雪利·特克尔（Sherry Turkle）在科学与技术的社会性影响方面开展了深入研究，她谈到“一种新的参与感”[1]。机器人技术和相关的数字化技术切断了情感纽带，耗尽了自我能量；人们被简化为仅仅是屏幕的观察者，被欺骗到越来越依赖自动化技术。当然，正如本书中阐述的那样，这些观点只描述了人与智能机器之间关系的一部分。这些观点没有认识到，随着人们与自动化技术和智能机器产生互动，生活方式也会出现积极的改变。

生活方式的改变与一种新的参与感相结合，使得算法社会的出现十分具有革命性。AI的出现使政治发生了根本性的变化。在许多领域，这是一个新的论题；至少在公共政策方面。例如，传统的福利国家在很大程度上是建立在社会和经济发生问题时提供补救措施的基础上的。例如，如果你失业了，福利国家会提供支持，直到你找到一份新工作。但今天我们生活在一个非常不同的世界。在当代，机器人在工厂搬运箱子，在超市进行货架审查，利用复杂的算法完成纳税申报和金融市场交易。这个世界上，许多工作岗位已经实现自动化，或者越来越多地被外包给智能机器。全球自动化程度日益提高的同时，正统的政治观念正在瓦解。政府越来越意识到，它们必须更加注重干预手段，及时拟定政策思路，以应对AI革命带来的意想不到的变化。

政府不仅必须直面AI、算法和大规模自动化取代传统工作所带来的挑战,还必须努力确保所有公民具备适应能力和数字素养。这种转变几乎对所有政策制定领域都是至关重要的。例如,联合国在2019年预测,到2050年,65岁或以上的人口数量将翻一番,达到15亿,占世界人口的16%[2]。同时许多国家的出生率下降,并可能引爆一颗“人口定时炸弹”。税收下降和福利支出增加将给世界各国政府带来巨大挑战。虽然AI的前景是提高全球经济生产率、增加社会福祉,但未来几十年即将出现的危险是,脆弱的社区将处于非常不利的位置,社会不平等的进程将会加剧,包括对弱势群体的排斥。

这些发展对我们理解社会分层和消除社会不平等现象提出了重大挑战。本章将重点讨论AI领域的多种技术创新改变当代社会性排斥的动态过程。本章的第一部分对AI造成社会不平等的主要方式进行了论述。接下来的章节讨论了基于种族和性别影响的社会性排斥的变化。最后一节将讨论AI带来的社会不平等的新形式。

6.1 自动化社会的不平等

从历史上看,技术一直是影响经济、政治和文化进程的关键因素,在这些过程中,产生了社会不平等。如今,多种技术发展——主要源于AI的创新——已经成为当代数字化社会中不平等结构的核心。尽管创新驱动的AI生态系统在医疗、教育和金融等各个经济领域产生了惊人的机遇,但智能机器时代也对当代社会的动态分化产生了重大影响。这种不平等的出现是全球性的。根据联合国《2020全球社会报告:快速变化世界中的不平等》(*World Social Report* 2020:

Jnequality in a Rapidly Changing World),发达国家87%的人口可以接触互联网资源,而最不发达国家只有19%[3]。这一点意义重大,因为互联网是AI技术的重要基础。此外,一方面AI是形成社会不平等的关键因素,另一方面机器人和算法也在日益加剧不平等。最近的一项分析证实,数字鸿沟和知识差距因社会经济地位的不同存在显著差异[4]。拥有更大的社会经济优势的人能够获取更多的算法信息,从而获得更多的资源和机会。简而言之,优势地位的人们将从算法社会获益更多。

在一定程度上,AI造成的经济、政治和文化后果可能比上述内容所暗示的更加险恶,会给人类带来巨大痛苦。AI造成了社会不平等,并加剧了社会不平等。在一些对AI持批评态度的人看来,自动化智能机器和大数据的全球化导致了需求与追求、欲望与理性、感觉与精神之间的严重疏离。这种异化源于AI本身的社会性架构。弗吉尼亚·尤班克斯(Virginia Eubanks)是一位颇有影响力的作家,她主要研究AI、不平等和贫困之间的关系。在讨论相关影响时,她谈到了21世纪的"数字贫民窟"。她在《不平等的自动化:高科技工具如何定位、监督和惩罚穷人》(*Automating Inequality:How High-Tech Tools Profile,Police,and Punish the Poor*)[5]一书中谈到的惩罚是在社会不平等的延续中,基于自动化决策所造成的重大负面影响。在最初的一段时间里,AI预示着有限的资源将更公平地分配给人们。但尤班克斯表示,算法并没有创造出一个更平等或更公平的世界。相反,事情似乎已经发生了逆转——AI只会使广告投放更自动化,同时放大现有的社会不平等。

尤班克斯表示,自动化技术未能通过公共福利系统支持最弱势和最贫困的人，这一问题是系统性的。她写道："自动化审核系统让一线社会工作者不再拥有自由裁量权，反而用在线表格和私人呼叫中心取代了福利办公室。看似这一改变旨在降低程序障碍、消除人类偏见，却产生了相反的效果，使数十万人无法获得他们应得的服务。"[6] 尤班克斯在书中讨论了美国社会福利发放中的自动化决策过程；值得注意的是，美国享受公共福利(如医疗补助)的人口比例远低于欧盟或英国等国家。她特别关注了针对美国工薪阶层和穷人的算法分析、数据挖掘和风险预测模型造成的影响。在印第安纳州，她审查了一个福利资格程序的自动化和私营化过程，该程序最近拒绝了100多万人的医疗保健、食品券领取和福利支持的申请，主要是因为程序对表格填写中的小错误进行了评估，并视其为"不合格"。在洛杉矶，她为脆弱、无家可归的人绘制了地图，以便相关机构在住房资源充裕的情况下优先考虑他们。在宾夕法尼亚州，她发现了一种旨在为儿童提供预防性干预保护措施的算法导致的一系列问题。在所有这些研究案例中，尤班克斯强调，AI在执行社会福利发放任务时，无法避免其中负面性的、意想不到的后果。这些事与愿违的结果包括，新型自动化系统造成管理错误大幅增加，被拒绝的申请数量急剧增加。显然，这样的失败似乎也并没有引起整个保守政治体制的过度恐慌。

尤班克斯对自动化决策与社会不平等之间关系的阐述很有洞察力，但她的批评只是为解决这些问题提供了一种初步的方法。自动化的智能机器如何对当代社会的动态分层产生影响？AI与社会不平等之间的关系如何实现理论化？为了回答这些问题，我们必须强调

AI驱动的经济社会中一个重要的结构维度,它改变了当代的社会阶层,以及与社会行动者相关的社会不平等的知识。正如理查德·鲍德温(Richard Baldwin)所展示的那样,这个结构维度指的是计算能力和自动化数字技术的进步,这种进步从根本上影响着全球的工资、薪金和生活条件[7]。大约在20世纪70年代,(美国)富裕的北方社会主要基于阶级、种族、年龄和性别,在全国范围内形成了社会分化和不平等。这一时期,阶级结构和民族国家之间的紧密结合主要体现在工业生产和民族国家之间的实物商品贸易。国家、社会的分裂与先进的全球化进程有关,特别是全球人口、金融、税收收入和数字信息的新型流动,有力地影响了社会不平等的本质。

这段时间内发生的事情相当于一场社会地震,对阶级划分的社会结构主导性原则产生了巨大影响。根据约翰·厄里(John Urry)和斯科特·拉什(Scott Lash)的说法,这无异于发生了从"有组织的国家资本主义"到"无组织的全球资本主义"的大规模转变[8]。资本和投资的全球化流动产生了巨大的经济力量,催生了一种提升计算能力、数字化水平和网络技术的新动力。在一个特定国家的社会中,社会不平等的决定因素不是这些全球化的信息和数字的流动,而是来自社会中传统的地位标志。以"无组织"社会为中心确定的结构性原则,与全球化带来的不平等相结合,社会最终随着AI、远程机器人技术的崛起和现代机构在数字化领域的分化而进一步产生分歧。正如齐格蒙特·鲍曼(Zygmunt Bauman)所言,这是一种从"硬件资本主义"到"软件资本主义"的结构性转变,或者从"坚实的现代性"到"流动的现代性"的转变[9]。

将 AI 技术和复杂的数字化系统定位为导致社会性排斥的核心因素,是社会科学向前迈进的重要一步。从 20 世纪 90 年代初互联网的出现,到 21 世纪 20 年代深度学习和神经网络的最新突破,具有全球性的复杂数字化系统的出现,侵蚀了传统国家中社会政治领域与社会不平等形式之间的联系。如今,社会不平等的日常表现不具有社会结构性,它是由全球结构性经济基于全球资本、跨国网络以及 AI 时代的智能机器、自动化技术产生的相互关联形成的。要让眼光超越社会性排斥的传统领域,就必须理解 AI 对当代政府的重要性,以及多种自动化技术对个人、社会和情感生活日益增长的重要性。今天,软件资本主义已经发展成为一种算法现代性,在这种现代性中,"跟上"新技术已经成为私人和公共生活中的主要困境。考虑到当今多种 AI 技术都在争夺我们的注意力,数字素养的培育和数字信息的获取往往比人们通常认为的更加复杂。

6.2 机器中的幽灵:种族主义机器人

AI 的前景之一就是提高透明度。当今世界,复杂的计算机算法越来越致力于消除种族、民族、国家、殖民主义和相关文化差异所带来的社会性排斥,大数据已经成为一个普遍的口号。通过 AI 与大数据的结合,一些技术爱好者得出结论,我们向智能算法输入的信息越多,社会就会变得越透明。然而,事实证明社会性排斥的政治因素非常难以改变,而且可以说,在种族政治中尤其难以改变。如果说 AI 在 20 世纪 90 年代和 21 世纪初作为种族主义的解毒剂,在相当乌托邦式的技术思想中诞生；那么在 21 世纪的 10 年代和 20 年代，AI 已经与种族主义话语权和种族主义意识形态更加紧密地联系在一起。从带有种族偏见的软件到反犹太主义的聊天机器人，AI 本身反映了我们的偏见，并对这些偏见造成了影响。许多批评人士坚持认为，透明度的提高是一种幻觉。有人认为，那些由算法塑造的社会中的某些领域，种族主义的信仰、态度和意识形态必然进一步强化。

AI 与种族主义之间存在什么联系？基于机器学习和大数据技术，种族排斥和种族主义意识形态是如何正常化或长期存在的？在 AI 时代，多种文化的多样性共存的可能性有多大？新种族主义的风险有多大？首先，司法领域提供了有趣的案例。2016 年，一些美国法院在假释判决中使用了自动风险评估技术，据说该技术对黑人囚犯存在强烈偏见。根据新闻调查媒体 ProPublica 的消息，美国各地数百家法院开始采用一种基于 AI 技术的计算机程序，按照这种程序的判决，黑人被告被误判的概率几乎是白人被告的两倍[10]。相关报告强调，黑人囚犯再次犯罪风险被评估为极有可能，而白人囚犯，其中一些人会继续犯下更多罪行，反而被评估为低风险。调查记者考察了与美国司法系统所采用的这一 AI 系统相关的一系列因素。这些因素包括在美国司法管辖区对长期存在的种族偏见采取的行动。在针对种族偏见和种族主义采取消除偏见的行动时，美国司法系统曾求助于 AI 技术，结果却发现复杂的算法也显示出强烈的种族偏见。

同样，聊天机器人的生态系统中也存在着强烈的种族偏见。2016 年，微软推出了一款名为 Tay 的聊天机器人，却在 24 小时内引发了一场全球丑闻。简单地说，Tay 是一款推特机器人，旨在从自己与用户的交流中学习。在成功开发中文聊天机器人小冰,并完成与用户的数百万次对话后,微软开发了 Tay。但 Tay 却没有达到预期表现,而是在发布几小时后鹦鹉学舌般地模仿了一系列种族主义、性别歧视和仇恨谩骂的话语。《华盛顿邮报》(*The Washington Post*)的标题是:“巨魔化身为 Tay,微软为千禧一代开发的 AI 机器人变成了种族灭绝的疯子。”虽然微软试图让千禧一代接触 AI 的努力并未带来任何真正的乐趣,但很明显 Tay 激起了高涨的种族主义和虐待情绪。这一灾难性的实验在 Tay 的推特账户上达到了高潮,该账户赞许地援引希特勒,否认大屠杀,支持特朗普,并宣称“女权主义是癌症”。许多科技领袖和公众人物立即开始谴责 Tay,微软迅速发表了道歉。然而,这一道歉只承认了 Tay 的一些推文是“不恰当的”。微软随后删除了这些攻击性的推文,并关闭了该账户。一些更敏锐的批评者指出了网络舆论攻击者的恶意影响,这些攻击者发现通过机器学习程序为种族主义和性别歧视词汇创造关联的可能性。这些批评人士强调,聊天机器人的程序可用于生成与上下文相符或相关的词语,但没有教会它们这些词语的真正含义。因此,当被问及大屠杀时,Tay 并不理解它所生成的特定词汇的政治、道德和伦理意义,例如对屠杀表示否认。这些批评人士指出,“学习”一词经常出现在与智能机器相关的 AI 语境中,但这与人类经历的学习过程仍有相当大的差距。Tay 最初的目标是展示 AI 创新的重大飞跃。然而,聊天机器人实验所引发的公众抗议,凸显出 AI 实际上远不是真正的智能。

在美国,萨菲娅·乌莫贾·诺布尔(Safiya Umoja Noble)撰写了一篇更有见地的文章,挖掘了 Tay 的批评者所讨论的问题。在《算法压迫:搜索引擎如何强化种族主义》(*Algorithms of Oppression:How Search Engines Reinforce Racism*)一书中,诺布尔表示,算法偏见是 AI 架构和语言的一部分。她写道,

> 算法的力量创造并深化了种族不平等,例如有色人种可能仅因为他们是黑人或拉丁裔,就需要支付更高的利率或保险费,尤其是如果他们生活在低收入社区。在互联网和我们对技术的日常应用中,歧视也嵌入到计算机代码,而且越来越多地嵌入到我们所依赖的 AI 中,不管我们是否愿意。[11]

诺布尔特别注意到,谷歌等搜索引擎的算法对工作中的有色人种女性存在负面偏见。诺布尔引用了一个在谷歌上搜索"黑人女孩"的例子,结果出现"大屁股"等露骨的性词汇,并附有大量的色情网站链接。诺布尔接着试验,"白人女孩"的搜索结果截然不同——完全没有贬损。她说,搜索算法的偏见导致了各种身份、思想和信息的极度不平等。

诺布尔所说的算法压迫主要是源于商业化进程,其中包括信息的组织框架。那些表现出优待白人、歧视有色人种(尤其是有色女性)等种族偏见的搜索引擎,主要是由大型科技公司从事算法编写、软件制作和应用程序开发的程序员制作的。但是,算法压迫的政治影响要深远得多。对诺布尔而言,如果期待谷歌这样的搜索引擎像图书馆那样运行并提供巨大的中立性信息库,将会非常不切实际。

谷歌不是中立的,它是一个庞大的商业帝国,其中搜索引擎的优化与盈利挂钩。这些商业利益极大地影响着人们可以在网上找到的东西,搜索方式在很大程度上没有受到公众监督,而是被隐藏在算法的不透明工作过程中。相反,搜索引擎和算法的商业管理过程会根据经济和行政因素自主安排优先信息,比如推广付费广告,或者保障跨国科技公司的商业利益,而不是小公司或竞争对手的利益。算法是公共知识和信息传播过程的主要过滤器之一,而受到商业化编程、软件应用程序以及深度机器学习的影响,出现了一些不良症状,包括长期存在的社会不公和结构性种族主义。

对于种族主义的分析,我们这里主要讨论的是新技术,尤其是那些引起了动荡的技术。所谓AI技术是社会的完美复制品的说法遭到了诺布尔的有力挑战。社会依赖于技术的力量,而技术永远有能力改变我们的文化,并重塑我们自身。对于诺布尔而言,算法能力作为一个整体,既存在引人入胜的特点,又有令人沮丧的一面。正如她所写的:“搜索不只是查找网页,还包括构建知识,而在商业搜索引擎中检索到的结果也会创造相应的物质现实。排名本身就是一种信息,它反映了搜索引擎所处社会的政治、社会和文化价值观。”[12] AI是一种物质基础设施,它掩盖并加深了社会不平等,并成为我们创造价值的技术基础。

诺布尔的工作有助于阐明科技部门和商业利益之间的联系,这些联系加剧了种族偏见、性别偏见和社会不平等。但还存在其他后果。鲁哈·本杰明(Ruha Benjamin)在《技术竞争》(*Race After Technology*)一书中认为,算法“在具有明确意义的强大系统中运行,系统让一些事物可见,另一些则不可见,同时创造了大量的扭曲和危险。"[13]本杰明有力地指出,批评人士低估了AI和种族分类观念的交互所产生的影响,它们实际上重新确认了所有的社会主流观念并加剧了社会性排斥。AI作为一种新技术,会再次创造种族不平等?是的,看起来AI技术很可能具有种族主义立场。但本杰明表示,AI和种族主义的联系不是一种技术现象,还包含文化、经济和社会因素。搜索引擎和算法的商业化管理会导致种族不平等的恶化?是的,但这需要在更广泛的背景下理解。虽然本杰明在文章中对亚马逊和脸书等科技公司将种族偏见植入AI技术表示不屑,但她也探讨了种族等级的强化是如何在制度、政治和经济层面产生的。种族主义机器人的崛起威胁到个人自由和数字平等,成为一种全球现象?毋庸置疑,科技领域根深蒂固的种族偏见正在蔓延,但本杰明也认为,对AI延续种族歧视的现状进行批判性反思有助于打破当前的政治僵局。

如果说AI的预测分析有助于揭示种族主义的隐藏结构,并开启另一个未来,那么这一可能也牢牢把握在测算、分类和自我控制技术形成的政治力量中。数据就是力量,推动大数据的盈利机制被"信息越多越好"的理念所束缚。然而矛盾的是,虽然大数据的预测成功地将个人行为与社会层级联系起来,但数据的收集、分类和评估远非无害的。尤班克斯指出,第二次世界大战期间奥斯维辛集中营囚犯前臂上的序列号源自IBM为纳粹政权生产的穿孔卡片识别号。如今,通过AI应用,可测量的范围已经从根本上扩大了。AI应用在侵入社会时,对现有的偏见和不平等进行了复制和放大。在本杰明看来,AI

和大数据的结合产生了新的、更隐蔽的种族偏见形式，这些形式隐藏在数据处理和软件代码所假定的客观性背后。从机器自动化技术到新的数字评分系统，算法无处不在地对种族偏见进行放大。

诺布尔、本杰明和其他批评者尖锐地批评了新自由主义的正统观点，即AI有助于让世界减少种族分裂和不平等。在这场对AI的种族性批判中，人们认为算法压迫造成的政治影响强化了西方昂贵、精致城市中的种族偏见。相比之下，其他关注种族政治的AI批评人士则把注意力集中在数字革命催生的新型全球劳动分工领域。这种新的全球分化不仅存在于发达国家与发展中国家之间，也存在于各国内部日益不平等和分层的人群之间。在这种情况下，随着跨国公司和高科技公司将工作和生产转移到全球各地的廉价劳动力地区，AI是塑造全球不平等模式的根本驱动力。随着AI和当代数字技术日益围绕条件协议、合同协议和分包协议重组就业关系，世界中的人群将划分为全球精英、新中产阶级、边缘化贫困群体。

穆罕默德·阿米尔·安瓦尔（Mohammad Amir Anwar）和马克·格雷厄姆（Mark Graham）深刻阐述了越来越多的非洲员工如何在全球经济的边缘从事数字劳动。安瓦尔和格雷厄姆强调，非洲在全球数字工作市场上已经变得非常有竞争力，特别是在为机器学习系统、推荐系统和下一代搜索引擎提供人力支持方面。这一进展是在全球化社会政策的背景下出现的，例如世界银行提出的全球性社会政策，利用数字化技术、AI和零工经济（包括"在线工作""虚拟工作""在线外包"和"众包工作"）为欠发达国家的员工提供前所未有的机会，让他们既能享受灵活的生活方式，又能享受经济自由。安瓦尔和格雷厄姆指出，零工经济为许多非洲人提供了比当地劳动力市场更高的收入。但是，虽然零工可能会提供薪酬更高的工作机会，但这种工作本质上并没有提高非洲员工的收入水平。安瓦尔和格雷厄姆强调，非洲国家的零工劳动者在宽带网络和电话信贷上的支出比花在食物和家庭福利上的还多。他们认为，“零工劳动者表面上有着个人自由和灵活性，实际上在非常恶劣的条件下工作。”[14]

除了纯粹的经济成本之外，其他不利因素也很明显。压力、焦虑、孤独和社会孤立是非洲零工劳动者经常遇到的情绪问题，他们的活动地点被限制在家里或当地咖啡馆。值得注意的是，安瓦尔和格雷厄姆证明，相对低收入的非洲员工不仅创造了在北半球产生巨大利润的关键 AI 技术，还受到 AI 本身的监督。在一个奇怪的条件反射式的循环中，各种基于互联网的平台、私营公司、国际机构和组织都开始部署 AI，以监视、区分、管理和控制整个非洲的零工劳动者的工作。正如安瓦尔和格雷厄姆所言：

平台使用了算法管理，对劳动过程和评级系统开展技术性控制；通过高强度工作、零社交工作时间和持续监控的形式，强烈地影响了员工的自主性……这可能因合同类型而异……Upwork 公司每隔 10 分钟就会截取员工电脑的屏幕截图，以确保他们在工作……这种对工作的持续监控增加了工作强度，因为员工们承受着持续的压力，经常长时间坐在屏幕前直到深夜，导致身体和精神的高度紧张，视力下降，长期的背痛和睡眠不足。对于虚拟助理、网络聊天代理、客户服务和销售这样按小时计酬的工作而言尤为如此。[15]

AI的范围不断扩大,却只是加重了全球性企业对非洲员工的压迫,形成人际鸿沟,而这一鸿沟必然使种族不平等加剧。

对前面的讨论进行总结是有意义的。AI可能帮助企业减少种族歧视,但它真的能做到吗?算法的种族偏见不仅可能加深社会分化,还可能破坏AI实现更透明社会的承诺。要解决这个问题,就需要对AI在私人和公共生活中如何(至少在原则上)帮助遏制种族主义进行更现实的思考。尽管AI在研究、开发和技术应用方面的水平并不均衡,但自动化智能机器为打击种族主义带来了新的可能性,这体现在:利用数据驱动方法解决职场的种族主义;训练算法对元数据进行映射,识别被排除在组织信息和社会互动之外的个人;对可能有害的、种族主义的或适得其反的工作性交流进行语言处理;以及挖掘求职者的数字足迹,从而建立更具包容性的工作文化。世界经济论坛提出了更为雄心勃勃的改革方法和更健全的治理体系,促进机器学习算法识别有偏见的或种族主义的决策,这被称为应对全球不平等的"伟大革新"[16]。然而,正如许多批评人士正确指出的那样,人们对数字革命最初的愿望是建立一个更加公正和包容的世界,但AI的发展现状与许多人最初的愿望还有很远的距离。当AI技术在全球范围内普及时,也许几乎在一瞬间,对抗种族主义的各种可能性就会落实。例如,欧盟的《可信AI的伦理指南》(*Ethics Guidelines for Trustworthy AI*)呼吁创建更全面、更多样化的数据集来训练算法,并在构建算法时对内置假设进行注释,以便更容易处理和识别偏见。在最近有关 AI 和种族主义的政策讨论中,出现了全面性的机会和风险。有一件事是明确的:在这种复杂状况下找到一条可行道路绝非易事。

6.3　人工智能与性别问题

AI 领域普遍存在性别偏见。机器学习算法经常在企业招聘决策、产品开发、销售、运营以及社交媒体中用代码和不平等的权力放大性别歧视。《西雅图时报》(*The Seattle Times*)2016 年报道,在领英(LinkedIn)上搜索女性专业人士时,经常会出现这样的回答:搜索者是否希望使用一个发音相似的男性名字,比如"你是说斯蒂芬·威廉姆斯吗?"而实际上人们在寻找斯蒂芬妮·威廉姆斯。同样,一些人认为,Siri、Alexa 和 Cortana 等 AI 虚拟助手默认使用女性的声音并非巧合,这进一步加深了现有的性别刻板印象,即女性只是用于支持和帮助别人,而对象通常是男性。约米·阿德哥克(Yomi Adegoke)表示,其中一个原因是,AI 技术"毫无疑问是由男性创造,也是为男性创造"[17]。

随着男性主导着 AI 相关的职业,几乎只有男性工程师团队控制着我们的算法新世界,而这或许并不令人惊讶。在起源于 AI 的自动化工作领域,性别偏见对女性的影响也比男性大得多。据估计,在指定的会被自动化手段取代的高风险部门,70%以上的工作是由女性主导并从事的[18]。社会政策也未能逃脱 AI 带来的性别问题。旨在提升社会中算法透明度的政府方案,如《蒙特利尔人工智能负责任发展宣言》(*Montreal Declaration for the Responsible Developrnent of Artificial*

Intelligence)中大多未能纳入强有力的性别观点。的确,有一些重要的政策声明与使用 AI 减少性别不平等有关,如《G20 人工智能原则》(*G20 AI Principles*)和《经合组织理事会人工智能发展建议》(*OECD Council Recommendation on AI*)。但这些政策声明在很大程度上是激励性的,几乎没有提供克服 AI 性别偏见的具体举措。

最近,女权主义和后女权主义思想在 AI 领域产生碰撞,试图一同揭示在算法文化的环境下,性别等级制度的再生产和女性处于从属地位的事实。受到 21 世纪 10 年代和 20 年代出现的干预性理论的影响,性别偏见越来越多地出现在约会应用程序、在线骚扰、生物识别技术、全身成像技术和私密监视技术中。算法和性别焦虑在整个现代社会蔓延。尤其值得注意的是,人们担心 AI 会重现并加剧传统形式的性别歧视。一些批评人士认为,这就好像我们兜了一个圈子,AI 一方面承诺让我们的生活更便捷、更高级、更先进,另一方面又将女性和男性重新划入致命的性别二元对立。

关于聊天机器人和软件驱动的个人助理所形成的虚拟世界,学界开展了一场辩论,说明了 AI 时代的新型性别政治。1966 年,第一个聊天机器人被命名为伊丽莎(Eliza),它是一个计算机程序,可以模仿心理治疗师的行为,但没有声音或任何虚拟表征。50 年后,在虚拟个人助理(VPA)的生态环境中,女性的声音已经无处不在。然而,AI 所谓的技术客观性和经过计算的中立性,并没有阻止 VPA 用户更深入地沉浸在对这些虚拟朋友产生的想象中。正如一位评论员所说:

如果你称 Siri 为荡妇,她会回答:“如果可以的话,我会脸红。”亚

马逊的 Alexa 会说:"感谢您的反馈。"如果问 Siri"你会对我说脏话吗?"然后她会取笑道:"地毯需要吸尘了。"微软 Cortana 软件的一名开发者最近表示,"早期的大量询问"都是关于 Cortana 的性生活的,这表明,即使你没有身体,男性也能找到评头论足的方式。[19]

林格尔(Lingel)和克劳福德(Crawford)对劳动、计算、身体、性别以及数据开展了日益深入的研究,他们发现 VPA 经常受到用户的嘲笑、骚扰和威胁。开发者将这些行为视作不尊重秘书工作的最新技术表现,呼吁大家更广泛地关注女性的声音和职场贡献[20]。

事实上,聊天机器人和 VPA 所处的整个生态环境中的性别观念存在明显倒退。这是约兰德·斯珍娜(Yolande Strengers)和珍妮·肯尼迪(Jenny Kennedy)在《聪明的妻子:为什么 Siri、Alexa 和其他智能家居设备需要女性机器人》(*The Smart Wife: Why Siri, Alexa, and Other Smart Home Devies Need a Feminist Robot*)一书中的核心观点[21]。根据斯珍娜和肯尼迪的研究,为 AI 秘书起一个女性名字是一种让 AI 变得值得信赖和平易近人的方法,同时为个人创造了一种控制新技术的错觉。跨国科技公司的意识形态胜利之一,是用技术能力塑造了女性化的数字助理,在 AI 与可用性之间建立了一种强大的内在联系。在查阅了大量的经济史、劳动政治、组织研究以及技术史资料之后,斯珍娜和肯尼迪在当代 AI 个人助理中发现了家务性别奴役(尤其是女性从事家务)的影子。她们认为,这一现象的原型是 20 世纪 50 年代的家庭主妇:一个理想化的白人、异性恋的中产阶级女性,总是乐于满足(尤其是男人的)需求,总是积极高效地解决日常生活中的困难,始终保持温和、顺从和友善。这是一个幻想的形象,而正是这种“妻子式的工作”,最近频繁成为性别、劳动和智能机器融合造就的产物。Siri、Cortana 和 Alexa 等 AI 系统再现了压抑的性别关系。在斯珍娜和肯尼迪看来,VPA 重现了过时的、刻板的性别印象,Siri、Cortana 和 Alexa 表现出顺从的女性形象,掩盖了机器学习、自然语言处理和预测算法的技术原理。

在考虑类人机器人时,性别尤为重要。总的来说,当人们提到功能性机器人时,总会联想到《星球大战》《终结者》《2001 太空漫游》《机械战警》和其他科幻电影中的形象。好莱坞与 AI 的碰撞,几乎总是将功能性机器人刻画为男性。例如《星球大战》中的 R2-D2,《终结者》中的 T-1000,或者《机械战警》中的 ED-209。相比而言,符合人类审美偏好的机器人通常被刻画为女性。日本机器人学家石黑浩(Hiroshi Ishiguro)设计的爱丽卡(Erica)可能是世界上最著名的机器人。石黑浩曾坚持认为,机器人本质上也是人性化的。也就是说,就像 AI 中的其他所有事物一样,它们最终会根植于性别。事实上,石黑浩曾说过,他想和爱丽卡一起创造“最美丽的女人”。据报道,一些和爱丽卡“约会”的日本男人承认,尽管自己很清楚她是一个机器人,但还是会在聊天时脸红。

在《开端:科学、性和机器人》(*Turned On:Science,Sex and Robots*)一书中,凯特·德芙琳(Kate Devlin)追溯了人造性伴侣的历史[22]。德芙琳认为,AI 的进步为性别、性和权力等古老的问题带来了新的关注点。德芙琳探索了导致这一切诞生的文化和政治因素,并从历史、伦理和哲学角度思考了人们与无生命的机器人之间的恋爱关系。她没有过度关注机器人在未来可能具备的感知能力水平,而是着手解决智能机器时代最紧迫、最棘手的性别、性和权力的问题。德芙琳认为,所谓人类不能与非生物建立联系的说法是一种理性主义的谬论。从弗洛伊德对恋物癖的解释到恋物癖心理学,某些种类的物体已经成为情欲的代表,而机器人也不会例外。对于德芙琳而言,她认为机器人和先进的AI也不会是性领域之外的东西,人们应该为男性和女性思考与智能系统建立内在联系的方式。

6.4　数字不平等:聊天机器人与社会性排斥

AI常常会助长和放大现有的性别不平等现象。此外,AI技术还有助于"锁定"其他形式的社会性排斥。无论未来可能出现何种新技术,似乎传统的性别、种族和阶级不平等仍在影响着AI。然而,同样重要的是需要认识到,随着AI和新型数字化技术的全球流动,当前的社会不平等现象进一步地分化和碎片化。例如,聊天机器人和VPA等对话式AI不仅重新定义了过时的性别刻板印象,还有助于形成新的数字不平等,从而改变当代社会分层的动态。重要的是要了解正在发生的为这一观点提供论证的社会、技术变化。正如我们在前几节中讨论的,在当代AI社会中,现有的社会不平等经常被复制和强化,如阶级、种族和性别。但还有其他的新型因素也在影响着不平等的结构。如今,社会地位的决定性因素既包括阶级、种族和性别等传统不平等标志,也来自于AI技术和数字化发展动态。具体而言,数字不平等——数字鸿沟的崛起——占据了舞台的中心。本章最后将更详细地阐述自动化智能机器是如何构造社会性排斥的新形式,并同时强化传统的社会不平等。为此,再次讨论聊天机器人和VPA。在全球发展自动化生活方式的新兴背景下,聊天机器人为个人和组织理解“数字访问”和“数字排斥”等新形式提供了重要见解。

据估计,目前超过60%的互联网流量是由机器之间和机器与人的通信产生的[23]。IT咨询公司高德纳(Gartner)预测,到2022年,普通人与机器人的对话会多于他们与伴侣之间的交流[24]。这种说法可能听起来像科幻小说,但实际上这意味着身份、交流和社会阶层之间的关系发生了重大变化。正如短信改变了书面交流形式一样,复杂的聊天机器人的出现似乎也将改变我们彼此交流的方式。人与人之间的交流不仅包括我们传统意义上的信息交换方式,也包括人们日常生活中许多任务的执行,比如订披萨、订飞机票、确认会议行程等。对于AI,尤其是深度学习和自然语言处理软件升级之后,我们正越来越多地将这些任务转包给聊天机器人。

看看聊天机器人在近年来的发展。2018年,谷歌发布了Duplex,这一进展被宣传为AI下一个重大突破的开端。这个机器人的特点是能够听懂人的声音,并与人们对话,而人们很难意识到自己在与机器人交谈。Duplex执行各种日常任务的能力引起了公众的极大兴趣:代表用户打电话安排约会、预定餐厅、安排假期。这种VPA被称为迄今为止最复杂的聊天机器人,它采用了自然的语言模式,包括犹豫和一系列肯定,如“嗯哼”“嗯”。许多人发现很难区分Duplex和电话语音。社会学研究了人们在日常社会环境中如何调整对话节奏,相关成果与自动语音识别、文本语音合成领域的进步共同孕育了 Duplex。

可以说,社会学对于帮助理解 Duplex 的变革性影响具有特殊的意义。这是因为长期以来社会学一直关注语言,或者更准确地说——对话;并将其视为日常生产、生活、再生产的基本媒介。已故的社会学家迪尔德丽·博登(Deirdre Boden)写道,人类的社交能力是通过“交谈、交谈、交谈,以及更多的交谈”创造出来的[25]。社会再生产的重要意义赋予了 Duplex 魅力,并使人们(再一次)对谷歌着迷,因此技术性突破揭示了 AI 在日常生活中接替许多交流任务的潜力。

所有这些发展都需要放在全球数字革命的背景下思考。虽然聊天机器人和 VPA 已经交付给消费者,并承诺增加自由度(正如苹果公司所说:“Siri 比以往任何时候都要聪明。”);但消费者发现,自由的另一面是对自动信息生成系统的依赖,这剥夺了人们的自主性和社交关联感。从“面对面的交谈”到“自动应答对话”,对话的关注点从礼貌和机智转向了信息提取功能。这种自动语音与情景对话的不同之处在于,语言的守护者明知日常对话中很多无需言传的信息,却被迫需要准确清晰地表达自己的需求以获取自动化信息,包括预定酒店、确定行程、获取号码等。可以说,在这里自我与机器开始相互融合、不可区分。与自动化智能机器打交道时,重要的是信息,这是由计算机代码、软件程序和智能算法决定的;既然信息可直接用于算法或计算,为什么还要在社交礼仪上花心思呢?

与聊天机器人和 VPA 的互动是否会侵蚀日常对话遵循的社会规范?我们对 AI 对话依赖程度的加深是否意味着我们与他人对话需求的萎缩?在当前这个关口,答案当然是否定的。总的来说,我们今天看到的是一种普遍的、越来越多的沟通领域之间的转变,这些领域按照特定的逻辑运作,以复杂的方式使个人和机构与自动化智能机器互动。也就是说,有证据表明我们与智能机器对话的方式可以“渗透”到我们与他人的日常对话中。当人们知道自己的谈话对象不是人类时,他们更容易表现得粗鲁。一些报告指出,这种影响已经渗透到办公室和居家的日常对话中,因为对热诚、愉快或友善的需求感消失了。在这个算法世界中,双向的关注会导致迷失,就像许多商业和管理专业的人士一样,他们似乎总是处于“打开”或“连接”状态,但往往缺乏对他人共情的敏感性。在最极端的情况下,与智能机器的持续互动可能导致对话过程需要重新设计,也就是从情感交流转向功能命令。继已故的法国社会学家皮埃尔·布尔迪厄(Pierre Bourdieu)的观点之后,这可以说是一种新的“暴力象征”,其中自动化语言系统起到主导作用[26]。而社会行为者难以认知到这种自动化语言系统的暴力象征,也就是说,它通常作为暴力却不被人发现和认识。个人和组织对智能机器系统的部署,既让文化资本持续积累,也导致了权力关系的不平等;因为人们对自动化生活方式的渴望会产生新的社会不平等。

在机器人即时反馈的世界里,交流的动态发生了显著变化,并产生了多种新的数字不平等形式。我们必须看到,新的数字不平等会将生活轨迹与整个社会和文化形态联系起来。这一新的不平等形式还会与更传统的不平等形式交叉和纠缠在一起,例如阶级、种族、性别,以及年龄、医疗保健和社会资本。关于聊天机器人和数字不平等,人们普遍感兴趣的还有其他一些问题:

(1) 在描述社会工作的文学作品中,AI 和自动化在很大程度上等同于技能贬值和工作流失。这些认知在很大程度上是正确的,但通过网络、日常活动、商品和服务对生活进行重塑的过程中,对话式AI也扮演着越来越重要的角色。我们生活在这样一个时代,聊天机器人和VPA开始代表某个人或者其多重性格中某个特质。AI专家托比·沃尔什(Toby Walsh)写道:“这些‘数字替身’开始代替真人出现。明星们将使用机器人创建社交媒体,回复脸书消息,回应推特事件,并在Instagram上发布照片和说明。许多人把生活的各个方面交给这些机器人。它们将管理我们的日记,组织会议和社交活动,并回复电子邮件。”[27]沃尔什强调数字替身的兴起会引发自我身份的转变,这是正确的。但这种转变也影响了社会分层,以及各种各样的社会不平等,因为对话式AI提供了社会上最令人垂涎的价值之一:通过自动化的生活方式,使人们享有更高的自由度。一些作者,例如尤瓦尔·诺亚·哈拉里(Yuval Noah Harari),将自动化的人机平台与多种数字不平等现象的蔓延联系起来[28]。自动化提供的生活方式选项迅速成为天堂之扉或地狱之门,代表着进入特权世界或贫穷世界。根据哈拉里的说法,先进的AI和加速的自动化造就了新的经济精英,他们是富足社会的“神”,而世界上绝大多数人口会被取代或变得无用——在如今已经实现自动化或者正在推行自动化的世界里,这是一种“累赘”。

(2) 关于经济和社会要如何应对大量的聊天机器人,仍然是一个悬而未决的问题。对话式AI通常被认为与社会不平等问题无关,但现在这种情况正在改变。其中一个关键领域包括就业和职场的“自动化”。马克·萨纳(Marc Saner)谈道,职场受到自动化机器技术的影响,标准化程度被加强。聊天机器人通过社交媒体、实时聊天或电话等方式处理客户对话的次数越多,员工就越有动力去模仿这种没有灵魂的机器,表现出类似的一致性、重复性和机械性。萨纳写道,不断增加的自动化岗位,让“员工的行为就像电子动画,说的是预先录制的句子”,这反过来摧毁了个人企业和智能[29]。就在智能机器被设计得更像人类的这一历史性时刻,全球企业正在进行一场转型,将员工变成了机器人。“机器人化”成为企业指挥链中组织荣誉的象征,至少对于越来越标准化的员工而言是这样的;他们的技能即使不是过时的,也在贬值,取而代之的是根据可衡量的数据表现开展的管理。相比之下,高技能、精通数字技术、“防自动化”的企业精英们越来越多地使用自动化系统来监控标准化的员工在特定时刻的任何行为。

(3) 上述关于数字不平等的观点与文化多元性和语言多样性有关。再次思考,聊天机器人和 VPA 使用的自然语言处理过程,通常面向的是英语或普通话等全球主流语言。这意味着许多语言被忽视了,因此许多公民、消费者和雇员发现自己处于不利地位,因为聊天机器人不会适应他们的语言或方言。因此,使用非主流语言的人群很难抓住对话式 AI 提供的各种公共服务和商业机会。应对这些新出现的不平等现象和数字鸿沟,相关政策举措需要探索解决方案,处理对话式 AI 中多种语言的复杂性,满足客户服务期望,包括在人机平台中使用多种语言。

对话式 AI 在未来的几十年里将会飞速发展。随着发展重点从智能家居转向自动驾驶汽车,再到高科技办公室,对话式操作系统在日常生活中的重要性毋庸置疑。人们生活在一个先进的AI世界,随着人们与越来越多的智能对象——电视、冰箱、烤面包机、镜子、床、洗衣机、灯、窗户、门锁、汽车等——进行互动和对话,将会出现新的人机配置。对未来的预测总是充满风险和不确定性的。然而,尽管数十亿设备连接到物联网并由AI驱动,越来越明显的是,我们与自动化智能机器的对话仍将受到社会性排斥所形成的政治力量的影响。正如我们在本章中所看到的,在社会不平等的产生和讨论中,机会和风险以非常复杂的方式与AI技术结合在一起。正在发生的技术创新达到了惊人的水平,这些创新可以用于公民和政治活动的主要领域,并消除基于阶级、种族和性别的社会不平等。然而,正如我们所认识到的,AI也存在重大风险;许多观察人士认为,AI将继续在复制和扩大社会不平等方面发挥重要作用。对话式AI领域的"全球性社会实验"也引发了全新的地缘政治和伦理问题。AI技术使人们能够通过所谓的监控资本主义对公民开展全新的监视、审查和控制。

注　释

[1] Sherry Turkle, Alone Together: Why We Expect More from Technology and Less from Each Other, Basic Books, 2011.

[2] United Nations Department of Economic and Social Affairs, World Population Ageing 2019: https://www.un.org/en/development/desa/population/publications/pdf/ageing/World Population Ageing 2019-Highlights.pdf.

[3] United Nations Department of Economic and Social Affairs, World Social Report 2020: Inequality in a Rapidly Changing World, p. 6.

[4] Kelley Cotter and Bianca C. Reisdorf, 'Algorithmic Knowledge Gaps: A New Dimension of (Digital) Inequality', International Journal of Communication, 14, 2020, pp. 745–65.

[5] Virginia Eubanks, Automating Inequality: How High-Tech Tools Profile, Police, and Punish the Poor, Macmillan, 2018.

[6] Virginia Eubanks, 'We Created Poverty. Algorithms Won't Make that Go Away', The Guardian, 13 May 2018.

[7] Richard Baldwin, The Great Convergence: Information Technology and the New Globalization, Harvard University Press, 2016.

[8] John Urry and Scott Lash, The End of Organized Capitalism, Sage, 1987.

[9] Zygmunt Bauman, Liquid Modernity, Polity, 2000.

[10] 参见 Julia Angwin et al., 'Machine Bias', ProPublica, 23 May 2016: https://www.propublica.org/article/machine-bias-risk-assessmentsin-criminal-sentencing.

[11] Safiya Umoja Noble, Algorithms of Oppression: How Search Engines Reinforce Racism, New York University Press, 2018, p. 1.

[12] Noble, Algorithms of Oppression, p. 148.

[13] Ruha Benjamin, Race After Technology: Abolitionist Tools for the New Jim Code, Polity, 2019, p. 17.

[14] Mohammad Amir Anwar and Mark Graham, 'Between a Rock and a Hard Place: Freedom, Flexibility, Precarity and Vulnerability in the Gig Economy in Africa', Competition and Change, Special Issue on Digitalisation and Labour in the Global Economy, 2020, 20 pp., p. 12.

[15] Anwar and Graham, 'Between a Rock and a Hard Place', p. 15.

[16] World Economic Forum, 'The Great Reset', 21 – 4 September 2020, https://www.weforum.org/great-reset/.

[17] Yomi Adegoke, 'Alexa, Why Does the Brave New World of AI Have All the Sexism of the Old One?', The Guardian, 23 May 2019.

[18] Anu Madgavkar et al., The Future of Women at Work: Transitions in the Age of Automation, McKinsey Global Institute, 2019.

[19] Adegoke, 'Alexa'.

[20] Jessa Lingel and Kate Crawford, '"Alexa, Tell Me about Your Mother": The History of the Secretary and the End of Secrecy', Catalyst: Feminism, Theory, Technoscience, 6 (1), 2020, pp. 1-25.

[21] Yolande Strengers and Jenny Kennedy, The Smart Wife: Why Siri, Alexa, and Other Smart Home Devices Need a Feminist Reboot, MIT Press, 2020.

[22] Kate Devlin, Turned On: Science, Sex and Robots, Bloomsbury, 2018.

[23] Nigel Thrift, 'Lifeworld Inc - And What to Do About It', Environment and Planning D: Society and Space, 29 (1), 2011, pp. 5-26.

[24] Heather Pemberton Levy, 'Gartner Predicts a Virtual World of Exponential Change', Smarter with Gartner, 18 October 2016: https://www.gartner.com/smarterwithgartner/gartner-predicts-avirtual-world-of-exponential-change.

[25] Deirdre Boden, The Business of Talk: Organizations in Action, Polity, 1994, p. 82.

[26] "暴力象征"的说法源于皮埃尔·布尔迪厄的作品:Pierre Bourdieu, Language and Symbolic Power, Polity, 1991. 作者使用该术语来重新思考自动化机器的力场,这在许多方面与布尔迪厄的使用方式不同.

[27] Toby Walsh, It's Alive: Artificial Intelligence from the Logic Piano to Killer Robots, La Trobe University Press, 2017, p. 289.

[28] Yuval Noah Harari, Homo Deus: A Brief History of Tomorrow, HarperCollins, 2017.

[29] Marc Saner, 'Technological Unemployment, AI, and Workplace Standardization: The Convergence Argument', Journal of Evolution & Technology, 25 (1), 2015, pp. 74-80, 77.

第7章

算法监控

床边的智能手机会自动响铃，并推送早上的社交媒体新闻。当滚动浏览网页时，浏览器会记录搜索内容，这反过来也会激活定向广告。起床前，可以在设备上下载一个应用程序，它会在你不知情的情况下上传你的联系人。吃早餐时，你会在新款智能电视上收看早间新闻，同时注意到三星公司的一项免责声明："语音识别技术将会捕获并传输数据。"走在前往办公室的路上，你在心里提醒自己不要在智能电视前讨论个人问题，同时，你的图像会被监控摄像头捕捉下来，并通过面部识别技术进行分类。到达办公地点，你把身份证插入扫描器，进入大楼。你输入密码激活办公室电脑和相关设备，使用编码控件下载公司文件。虽然只醒了几个小时，但你的活动和选择已经被记录、分类、捆绑、加工和转售给不同的公司。欢迎来到21世纪的自动化监控社会。

监控是当代世界的一个中心问题,在许多国家,人们都非常清楚新技术如何影响他们的生活。从旧金山到悉尼,再到圣地亚哥,人们越来越意识到(即使不是完全意识到)AI 正在改变与日常监控活动相关的摄像、身体扫描、生物识别和编码控制等技术。作为公民和消费者,人们越来越认识到自动化监控技术的范围。监控一直是 AI 学术领域和公共辩论中的一个永恒主题。一些批评人士认为,AI 技术实际上是“间谍机器”,它在同等程度上为生命提供机遇和风险。AI 引发的监控问题是本章关注的主要内容。

7.1　数字革命与全景监控

许多批评人士认为,AI 时代带来了一种无处不在的监控文化,这种文化以迄今难以想象的方式蔓延。从数据代理行业到个性化广告,自动监控算法涉及对海量数据的挖掘,其中公民的个人信息数据经常用于买卖,而且他们通常对此毫不知情。随着公司对公民的私人和公共生活的监控不受控制地发展,最终人类隐私和个人自由会受到严重侵犯。如今,当人们提到监控时,他们经常会想到乔治·奥威尔(George Orwell)笔下的“老大哥”。奥威尔的《1984》一书讲述了一个由数字技术重塑的世界,人们被全方位地监视、跟踪、记录;一个巨大的监控设备以复杂的原理对公民进行日常控制。但学界在理解这些重大的全球性变化所带来的挑战时,并没有求助于奥威尔。为了应对数字化监控的兴起所带来的挑战,许多社会科学家、媒体批评人士和公共知识分子反而被“圆形监狱”的概念所吸引，而提出这一概念的正是已故法国历史学家米歇尔·福柯，这一点在第4章中简要阐述过。作为战后法国最杰出的哲学家之一，福柯借鉴了杰里米·边沁关于监狱的构建理念，并提出了自己的观点。边沁的理念中，监狱是一座圆形建筑，而中心坐落着瞭望塔。这样狱警可以在单独的房间里对囚犯进行纪律性的观察，而囚犯并不知道自己什么时候会被监视。这种设计使得当权者得到了监视的特权，因此有了“全景”这个词，意思是监视者可以“无所不知”；基于此，囚犯会开始调整自己的行为，以适应标准的道德规范。囚犯们不知道隐藏的人会在什么时候监视他们，所以会内化相关准则，从而确保权力的自动运行。福柯从边沁的“圆形监狱”中看到了现代纪律性权力的原型，并认为监狱、收容所、学校和工厂的设计是为了便于当权者能够从中心点观察和监督每个个体[1]。在福柯的版本中，“全景”的隐喻强调了监控意义上的凝视，特别是基于持续观察的形式（例如，教师观察整个教室的学生）。

福柯认为全景主义代表着一台纪律机器，它使人们在监狱、精神诊所或工厂中表现得十分“温顺”；从那以后，调节监控过程的技术逻辑已经发生了重大变化。也许，现代社会中的监控最引人注目的转变是数字技术的普及。许多社会分析人士认为，福柯的全景理论经过一些更新和调整，对于批判社会在自动化、电脑化和数据化过程中的转变仍然起着十分重要的作用。从广义上讲，他们认为福柯的全景主义模型为数字技术的普及提供了一个全方位的适用模型，涉及消费、娱乐、社会治理和军事力量等多个方面。这些批评人士将福柯的叙述与新的数字技术相结合，强调了监控从根本上来讲就是在以越来越复杂和全面的方式控制人。监控不再强调中心化的权力，也不是专门针对贫穷、边缘化或一无所有的人实现圆形监狱式的自治。相反，监控被扩大到捕捉每个人的生活习惯，如动作、行为和交流方式。实际上，数字革命导致了全景式监控站数量的急剧增加。

许多作者试图在数字化或新型信息技术相关的领域研究圆形监狱的理念。奥斯卡·甘迪(Oscar Gandy)在《全景分类》(*The Panoptic Sort*)中，将消费者受到的监控直接与数据库营销联系起来。甘迪认为，如今的全景系统越来越依赖于技术专家和销售人员对数字化信息分类和处理的能力。约翰·吉利姆(John Gilliom)的《穷人监督者》(*Overseers of the Poor*)一书阐述了靠福利生活的妇女是如何臣服于数字化的福利机构调查，而这一切都与超级计算机的先进监控系统有关。马克·安德烈耶维奇(Mark Andrejevic)在 *iSpy* 杂志上指出，从会员卡到智能手机，新技术产品越来越多地用于监视和控制。

如果说数字化代表了我们这个时代最根本的全球性变革之一，那么可以说全景式监控深刻改变了可视化与权力之间的关系。这种转变的核心是信息流，以及计算机数据库驱动的日益自动化的机器之间的交互。为了应对数据库的出现，马克·波斯特(Mark Poster)宣布了“超级全景时代”的到来。正如他在解释这种新型监控模式时所说：

与圆形监狱不同，囚犯们不需要被安置在任何建筑中；他们只需

要继续正常的生活。因此,超级全景监控比它之前的监控方式更隐蔽,但在执行正常任务的效率上并没有降低……超级全景监控的一个主要影响是,公共和私人之间的界限失去了效力,因为它依赖于个人的私密空间,而这原本对国家和公司而言是不透明的。然而,这些区分会被数据库消除,因为无论你在哪里,无论你在做什么,都会留下痕迹,这些痕迹会转化为信息供计算机使用。[2]

我们的新型监控时代主要基于智能机器和大数据,它们源于数字技术的复杂结构,而不是福柯所构想的权力的凝视。首先,在人们直接或间接接触到现代监控的地方,开展监控的主体至关重要。正如凯文·哈格蒂(Kevin Haggerty)所观察到的,"不言自明,监控者的身份就像闭路电视(CCTV)系统普及过程中的观众一样……他们侵入的程度,特定群体如何成为目标的细节信息,以及监控的具体意图,都是由监控者的个人属性决定的"[3]。另一方面,超小、超轻、超快的数字技术的普及(满是 iPhones 和 iPad 的世界)导致了廉价监控技术的快速传播,在这些技术中,个人对"直接监控"的投入往往微不足道。最后也可以说最重要的一点,如今很多的技术监控都是自动进行的,数据配置的算法式生产意味着一种"技术代理",或者是奈杰尔·斯瑞福特所说的"技术无意识"[4],已经控制了当代社会。因此,监督越来越不可能出现检查员近距离检查下属的情况。相反,我们见证了使用算法、传感器、机器学习、生物识别设备和大数据的先进监控技术的普及。这些技术是远程部署的,涉及复杂的人机配置。

这是一个"后全景时代"。

7.2 超级全景时代之后:监控资本主义

20世纪90年代中期互联网出现之后,剑桥社会学家约翰·B.汤普森(John B. Thompson)在一篇文章中深刻地反思了全景监控的崩溃:

> 如果福柯更仔细地思考传播媒介的作用,他可能会看到,这些媒介在权力和可见性之间建立了一种关系,它与圆形监狱模型中隐含的关系截然不同。圆形监狱让许多人明白,让大多数人臣服于少数当权者的方法就是让多数人处于一种永久可见的状态;而如今通信媒介的发展同样提供了一种途径,让人们能够收集少数人的相关信息,同时让这些人出现在大众视野。[5]

随着时间的推移,汤普森的观点会变得更加发人深省。在21世纪的先进AI时代,自动化的机器智能通过数字网络来操控数据,"数据化的自我"分散在网络空间中,而不是存在于福柯式的、理论化的、封闭空间中的"温顺个体"里。

正如我们所看到的,福柯圆形监狱的概念已经广泛应用于理解数字化形式的监控。但全景式监控的研究透露着政治讽刺意味,因为它为了确保权力的自动化运行,主张一种根植于永久可见性的实施方法;而同时监控过程正在被现代算法戏剧性地重塑、组合和校准。在对权力的全方位研究中,数字监控不同于以往的监控形式,其监控规模、在日常生活中的普及程度以及数据收集、分析和存储的广泛性不可相提并论。福柯对全景式环境的分析经常在社会科学中被引为衡量当代数字化社会中事物形态的标准,正如媒体分析师采用福柯的规则模型将数字技术作为跟踪、管理的新型监控手段。马克·波斯特(Mark Poster)宣布超级全景时代的到来——数字转型导致了信息分布的质变,带来了多重的、交叉的凝视和每个人都能看到每个人的世界。

在一个到处都是智能机器、复杂算法和大数据的世界里,监控的技术条件和社会影响已经发生了根本性的转变。如今,与去中心化的、非层级式的提取、分类和信息分发的数字模式相比,全能的观察者对主体进行单向、全面监控的方法已经过时。正如鲍曼所指出的,"笨重、迟钝、麻烦,最重要的是极其昂贵的全景式结构正在被淘汰和拆除"[6]。相比之下,在后全景式规则的新篇章中,监督模式的运作更不集中,更不依赖于社会工程,且更不受约束;它是通过去中心化的自动网络来运作的,在这个网络中,人们作为新型自动化技术和数字去中心化技术的参与者,被赋予了"权力",这些技术可以用于互相监视、跟踪、追溯、定位或者一般性的监控。这种被称为"逆向监控"的数字化监控,既有来自"上级"的,也有来自"下级"的,涉及公民永不停止的自我动员、自我监控和自我调节,甚至可能引发一种新的社会反抗形式——或者一些人是这样认为的。无论如何,问题的关键在于监控不再是在一个中心地点开展。管理人员、权威机构和相关的指挥控制人员不需要再监督他们的下属,正如我们即将探讨的那样,大部分的任务已经自动化了。取而代之的是,公民和消费者在数字化技术和智能机器的帮助下,每天都要在一系列数字平台上不断地进行自我跟踪和监控。再次强调,这一切都是自下而上开始的,人们点击"最爱""点赞"和"转发"。所有这些在脸书、推特、Instagram、抖音上相互观察的人们,都沉浸在自动化智能机器、智能算法、机器学习、预测分析和大数据技术的复杂交互之中。

21世纪初,当监控过程动态变化的相关技术(从福柯全景式的监控技术到如今流行的各种后全景式的半自动化和自动化监控技术)占据了主导地位时,大型科技公司越来越倾向于数据商品化。这一结果一方面是由于信息科学和AI突破带来了技术创新,另一方面则是因为2000年互联网泡沫的破裂。那次重大的金融崩溃属于更宏大的全面分裂的一部分:互联网提供的免费信息服务不再列入科技公司的经营领域,数字科技公司的财务基础和经济生产活动方式逐渐发生转变。这使得重新评估数字化副产品(搜索历史、点击模式、用户位置)成为一种正确的现象:可以出售详细的信息,这些信息可以被视为一种独特的商品;也就是说,这些有针对性的、精确的、具有相关性的数据,将被出售给寻求购买广告位的公司。"我从谷歌学到了所有营销知识"成了新型技术化经济秩序的口头禅,在这种秩序下,一个还没打开的数据库都有可能被卖给广告商。数据是动态的:我们每次点击、访问网站和自身历史位置等活动生成的信息都代表着监控规模的不断扩大;同时,借助AI领域新推出的预测分析功能,这些信息可以在不断更新的市场中交易、获利。

在科技公司挖掘用户信息并卖给广告商的同时，消费社会在一种引诱性的新逻辑的影响下被重塑。算法社会在很大程度上依赖于一种前所未有的社会组织形式，并基于这种形式满足消费者市场的需求。AI 革命始于它面向消费者的巨大承诺：消费者们将获得无限的信息、极高的效率、无与伦比的便利性和无限的社会联系。兜售这一梦想的方式之一是通过高科技公司推出无穷无尽的诱人营销，向自由主义者描绘网络新边疆的美好愿景。但另一种更有效的方式是，利用互联网的搜索结果和快速增长的网络购物所提供的便利，从用户那里获取详细的行为信息。消费者可能认为他们在利用谷歌搜索，但谷歌却在（重新）研究消费者。因此，网络消费者从一开始就陷入了一种欺骗经济学；然而，大量关于这些消费者行为的数据信息——包括惊人的细节，而且大部分是在未经用户明确同意的情况下收集的——并没有过度影响人们在数字世界中的消费行为。不管隐私政策、终端用户许可协议和服务条款中包含什么警告，消费者为了追求数字体验，轻率地签署了同意，从而出卖了自己的隐私、信息和自由权力。重要的是，至少在数字化的早期，高科技降低了日常生活的复杂度，减轻了人们忙碌生活中的多种任务负担，并在保持社会联系的同时提供了跨越时空限制的通道。

哈佛商学院大师肖莎娜·祖博夫（Shoshana Zuboff）将这个美丽新世界称为“监控式资本主义”。建立在预测算法基础上的世界是全球资本主义的一种变体；高科技公司利用机器智能和深度学习方面最先进的突破，从消费者那里最大限度地获取信息，从而向企业销售预测准确率最高的算法产品。

首先需要注意的是,祖博夫并不认为监控式资本主义只是AI的一个突出表现,因为技术已经深深根植于我们自己的历史中,至少到目前为止还不能提前确定社会和经济发展的结果。祖博夫将自己的工作视为研究技术转型的社会学——"监控式资本主义",她写道,"是行动中的逻辑,而不是技术"[7]。

数字化的每一项服务同时也是一种监控行为,涉及对个人微小行为细节的监控。祖博夫认为:

> 监控式资本主义单方面宣称人类经验是可以转化为活动数据的免费原材料。虽然其中一些数据被用来改善服务,但其他数据被声明为专有的活动资料,用于先进的"机器智能"的生产,并被制作成预测式产品;它可以预测人们现在、不久和以后会做什么。最后,这些预测式产品是在一种我称之为"行为期货市场"的新型市场中交易。从事监控生意的资本家从这些贸易活动中发了大财,因为许多公司愿意为未来下赌注。[8]

简而言之,监控式资本主义与资本积累的逻辑深深交织在一起。在这方面,祖博夫有力地拓展了从亚当·斯密到卡尔·马克思的一系列分析:从产品制造到资金获取,再到对个人、团体和组织的在线活动进行监控,资本驱动了AI对行为趋势的分析利用,无情地深化了价值的剥削。

如今企业通过智能算法处理数据,并预测消费者的未来行为;为了更好地理解这一现象与里昂(Lyon)或甘迪所描述的那种“全景监控式的恐惧”之间的差距,让我们来看一种增强现实手机游戏:精灵宝可梦Go。它在2016年席卷全球,并在全球吸引了超过10亿次下载。最重要的是,这款游戏推广了定位技术和增强现实技术,并鼓励年轻人(或中年人)走到城市和乡镇的街道上;它因为推广了散步活动、有益于人们的健康而受到好评。训练师们成群结队地搜寻强大的口袋妖怪,各大城市无一幸免;游戏实际上让参与者们进入了预置的、由大量数据支撑的算法世界,而这反过来扩展了发达经济体的规模,并形成重大商业机会。任天堂、Niantic两家游戏公司与宝可梦公司共同开发了这款游戏。任天堂将其在地理定位数据方面的专业知识带入到合作中,并与谷歌地图建立了联系。主要的谷歌地标,加上众包数据,在2016年为数以亿计的人们提供了支持;他们沉迷于移动设备,有时甚至造成交通事故和重大公共骚乱。在大街上上演的“抓住所有宝可梦”的壮观场面,主要是由数据、信息、地图、地理定位和算法驱动的程序支撑,它们创造并重塑了“精灵宝可梦Go现象”。正如汉娜·奥古尔(Hannah Augur)所说的,“精灵宝可梦Go的玩家某种程度上只是在玩一款精心制作的增强现实版谷歌地图软件”[9]。

即便如此,每天沉醉于搜寻宝可梦的数百万用户们,还是陷入了另一个面向消费者市场的游戏。一些评论员迅速发现,AI在多个方面发挥了重大作用;当玩家通过算法规划的路线去抓捕宝可梦时,他们发现自己被多次引导到麦当劳、星巴克和其他商业实体。实际上这些商家为了成为宝可梦虚拟站点,支付了大量报酬。从某个角度看,确实如此。为宝可梦虚拟站点付费(如东京的麦当劳)变得很常见。然而从另一个角度来看,需要注意的是宝可梦虚拟站点大部分是由用户提交的。任天堂公司作为宝可梦公司的重要控股方,股价上涨了50%以上获得了巨大的商业回报。以同样的方式,2000年初科技公司已经能够通过在搜索引擎上加载“点击式”广告获得收益;而在10年代,新型算法和地理定位技术让高科技公司把游戏玩家直接引导到商业客户的门口,包括餐厅、酒吧、零售场所和购物中心。可以肯定的是,高科技公司仍然在销售预测性知识和行为数据。然而除此之外,在利用网络信息直接影响和操控消费者行为并重塑人类情感、情绪、行为和活动等方面,还出现了新的突破。

在这里,数据是一种货币形式,就像金钱一样;在先进的AI环境下,数据也和它所塑造的消费市场一样具有灵活性。如今,市场在算法驱动的活动中获取了大量活跃用户,这些活动把玩家与指定地点联系在一起,将人们引导到宝可梦虚拟站点,之后会让他们再次出发前往下一个谷歌地标;这个过程中科技公司会提取数据、出售个人信息,并通过地理定位指令来监控和修正玩家行为。这种无与伦比的个人数据收集方式,有时被高科技公司解释为计算分析过程中无意产生的副作用。例如,因为“错误地”要求精灵宝可梦Go用户授予谷歌账户的访问权限,宝可梦公司曾出面道歉。但是在21世纪,单方面索取个人数据或私人信息的行为仍在继续发展和深化,这一趋势有增无减。任何与科技相关的东西都被重新描述和塑造为消费品,消费者(现在变成了游戏玩家)为了更有效地融入日常生活,往往依赖于这些计算方法和预测分析。科技公司喜欢玩耍、游戏和表演,它们明白让消费者“不断移动”是至关重要的,因为这样才能继续提取个人信息，并将其转化为预测性行为数据从而最终获利。请注意，我们这里距离全景式监控产生的权力和社会控制还有相当大的距离。然而，自制的、移动的、游戏生成的小型化全景监控工具，以及实际上的强权政治，完全由高科技支撑。引诱和欲望在监控式资本主义时代形成另一种力量。祖博夫写道：

新型的监控式政治降临的时候带着一杯卡布奇诺，而不是枪。这是一种新的“机器控制”的力量，它通过无处不在的数字化组件操控潜意识，更改心理交流目标，设置默认选择架构，引发社会性比较，实施奖赏和惩罚——所有的目的都在于远程调整、引导和改变人类行为，使之朝着有利可图的方向发展，并让用户对此始终保持无知。[10]

对祖博夫而言，消费者和个人信息的提取与算法和数据驱动的预测性系统相关，这是对日常生活的一种侵入，这也使监控式资本主义与其他的剥削性支配形式形成了鲜明的区别。祖博夫反复强调，当代的监控与影响人们行为的全球架构密不可分。监控式资本主义的核心，是通过提取、再现、预测和修改人们复杂的动态过程来获取数据，因此表现出对个人固有自由边界的破坏性。对现代资本主义的监控涉及塑造“企业现实”的多种技术，它们包括专业技术和专家知识系统——从工程应用到计算机科学，以及 AI。生活本身已纳入算法、预测和完美建模的监控角色中。祖博夫指出，iRobot 公司的

Roomba扫地机器人在用户家中自动清理地板尘土的同时，可能也在记录家庭住宅中的细节——将这种"服务"转变为新型的数据商品，从而转售给亚马逊、谷歌和苹果公司[11]。聪明的消费者当然会选择屏蔽这些"智能功能"，但这样做的代价是，设备不能发挥关键创新性技术的功用。

我们应该做些什么？祖博夫认为，营造一种非强制性的数据处理文化，将在某种程度上改变这种同时具有声明性和参与性的监控行为。"我们需要认定"，她写道，"到底由谁来决定，是否处理这些数据。"[12]这将使我们不得不从机械主义权力中转型——拒绝通过计算获得确定性——并参与政治和民主。新形式的信息资本主义仍有可能满足人类对个人自治、政治自治有效运行的需求。

在如今数据密集的信息社会中，新自由主义高估了个人主义和自由选择的重要性，而祖博夫的监控式资本主义理论代表了对新自由主义观点的宝贵纠正。她深刻探讨了无处不在的监控世界中的许多矛盾：一方面，交易私人信息以换取数字化收益会带来巨大成本；另一方面，监控式资本主义的预测式算法数据系统对日常生活的侵入不断加深。即便如此，仍有一些批评人士认为，祖博夫夸大了监控式资本主义的广度和深度。根据这一观点，监控式资本主义的相关研究错误地将一种仅在特定经济部门运作的、非常具体的数据提取形式推广到了整个社会。因此，祖博夫的研究可能存在不足，她错误地将在线购物、社交媒体、数字广告和iPhone定义为当代社会实践，却贬低或忽视了弹钢琴、参军或经营本地读书俱乐部等活动。在许多受到祖博夫影响的有关监控的研究中，人们普遍认为监控式资本主义包含着持续的隐瞒、数据操纵和邪恶的行为影响(在无限迭代中的相互强化),同时还认为这种操作已经无处不在。但其中的困难在于,虽然有坚实的理由认为大型科技公司拥有的数据化监控手段具备多种破坏性力量,引人担忧;但要说资本主义的监控行为对人类自主性、隐私、个人生活以及民众内部的纽带产生了全面的侵蚀,又是另外一件事。很可能监控式资本主义在各地都有一种主导的逻辑,但可以说很难对机器学习算法的操作进行区分,因为有些算法指挥无人机向弱势群体运送重要药物,或对医疗状况进行远程监测,它们为患者提供实质性的帮助,并在公共卫生方面节省大量成本。

然而,这引发了一个重要的问题。祖博夫将监控描述为彻头彻尾的机械式产物,它无情地对大量数据和行为模式之间的相关性进行排序。但是如果说数据挖掘和统计管理之间存在着深刻的联系,它们在当代的算法流程中也表现出了显著差异。这里,我们需要再次厘清全景式监控和后全景式监控的差异。统计管理中,全景式理论派生出人的“平均”模型,用于对特定的经济社会或人口进行分类;这些类别作为一种准则,为社会行为建立参照、规范,并使其处于控制范围内。但是,如果把今天的监控仅仅视为一种新的资本主义的控制形式,即通过其理性的数据处理方法在潜意识中对文化规范进行编码,就会忽视发达数字社会的一个重要新发展。安托瓦内特·鲁夫罗伊(Antoinette Rouvroy)和托马斯·伯恩斯(Thomas Berns)开展了一项有关自动化决策的有趣研究,基于政府和商业在线平台收集的用户数据,他们设计概率统计算法进行决策;研究表明数据挖掘与广义规范的产生无关,而是与不断发展的系统性关联有关。“大数据提供了统计性分析、关联性分析和聚类的新方法,”鲁夫罗伊与伯恩斯写道,“这使我们从传统的统计视角转移到与‘平均’‘一般’没有任何关系的视角,从而直接地、内在地理解社会现实本身。”[13] 简而言之,这意味着即使标准化的形式十分普遍,“平均”与资本主义社会政治组织的关系也会越来越小。逐渐增加的情形是,“普通”成了一种偶发的潮流,它是建立在短期的基础上的;标准的操作参考的是上一个“普通”状态,而不是广义规范。根据鲁夫罗伊与伯恩斯的观点,这种规范、惯例和评估之间的交融是以闪电般的速度发生的,而且显著超过了人类的认知速度。反过来,这又引发了面向社会个体的单一行为生成特定数据的活动。这是一种有问题的“个体化”,它本质上对实际的个体漠不关心,而且剥夺了人们的能动性和自主性。在这个背景下,出现了一种巨大的矛盾:它形成了一种社会秩序,并痴迷于生产和复制主体(或者不断更新的个体形式),而管理过程却只是从大量数据库中提取相关信息。

7.3 军事力量:无人机,杀手机器人与致命性自动化武器

那么,监控式资本主义理论能在多大程度上帮助我们理解源于AI的权力转型呢?简单的回答是“一定程度上”。祖博夫打破了监控领域许多传统研究的局限性,最显著的特征就是发现全景监控式的权力是一种关键手段,用于维持当代社会的控制。但她的论文中谈到监控式资本主义算法具有不可思议的能力,这本身也存在缺点。她把一个占主导地位的制度(即资本主义)视为监控领域数字化转型

的原因。这种观点主要关注 21 世纪 AI 的经济逻辑,并发现公司将消费者的体验转化为原始数据。但这一观点很难令人满意地解释 AI 在社会不同领域的运作方式,也难以解释 AI 面向多样化的数据集、文化、行政(官僚)逻辑时是如何运作的。监控式资本主义理论解释了企业权力的崛起,但往往对国家性的监控问题保持沉默,因此仍然无法阐明 AI 与军事监控和政治权力集中相关的问题。

当代监控涉及的一个重要领域是全球军事秩序。在理解军事力量与 AI 发展之间错综复杂的关系时,重要的是把握新数字技术、军方、政府或国有部门投资之间的相互联系。第 3 章详细阐述了政府和军事投资在 AI 相关领域产生的强大影响。但是,军事力量的数字化显然不限于相关研究项目与国家级 AI 实验室,它还涉及军事监控和战争本身的数字化。有大量的学术文献论述了战争数字化、军事组织的算法技术以及武器装备自动化之间的社会学和历史性联系。本节讨论的主要内容如下:

(1) 战争通常以军队为基本单位,涉及大量参战士兵和流水线式杀戮。例如,据估计第一世界大战期间,约有 3700 万士兵在欧洲和俄罗斯地区受伤、被俘或被杀[14]。传统的以军队为基础的战争中,士兵与敌人直接面对面地对抗。

(2) 帝国战争和领土战争随着大规模军队的消亡而停止。这是整体战争进程的一部分,通过这个环节,技术变得越来越军事化,军事行动被转移到技术性机器上,以适应战争中的战略和战术决策。尤其是飞行器(用炸弹或导弹执行任务的喷气式战斗机)改变了军事情报和军事监控的整体格局。

(3) 当前,战争形态从传统的领土战争转变为以技术为媒介的空中战争,当面军事对抗的重要性被削弱。士兵们重新被塑造为具有高技术水平和能力的专业人士,为高科技战争机器服务。

(4) 根据马克斯·韦伯(Max Weber)的观点,在特定领土中对人身的强制性控制已经属于民族国家的历史了[15]。在出现激烈政治冲突的世界中,民族国家在处理国际关系时,或多或少能够以一种长期性的方式部署有组织的暴力机器;然而,这种情况在我们这个时代也已经急剧减少。民族国家上层(通过全球化进程、跨国公司,以及包括联合国、欧盟在内的其他机构)和下层(包括军事活动的外包,以及对私人安保公司的离岸监视)合法使用垄断性军事力量的能力已经被侵蚀。

(5) 数字技术的进步,特别是在AI领域的突破,确立了以网络为中心的领土外战争的范畴。战争不再仅仅关乎领土空间安全,更多的是比拼信息传播速度;军事监控、军事征服和军事战争日益数字化、加速化、精简化、移动化和全球化。计算、卫星和实时通信成为军事监控系统的关键。

在军事行动的最新观念中,一种特别的远程监控已经实现了自动化。通过AI、机器学习、计算机视觉等技术的结合,无人机或远程遥控空中系统(RPAS)已经显著改变了许多国家的军事力量。据推测,目前全球有3万多架无人机正在服役,无人操控和自主式武器系统将会急速发展。目前已经开发出强大无人机技术的国家包括美国、英国、德国、中国、俄罗斯、印度、以色列和韩国。先进的自动化战争越来越被视为AI革命的副产品,许多国家已迅速将其军事实力聚焦到无人技术。例如,俄罗斯已经在军事对抗中应用了像 Vehar 和 Uran-9 这样的远程驾驶坦克,在远程侦察飞行试验中测试了像 Forpost 和 Orlando-10 这样强大的无人机。同样,随着中国在南海建造世界上最大的水下机器人试验场,海上力量(尤其是海基无人设备)的重要性进一步凸显。水下无人航行器(UUV)提供了低成本的导弹平台,可以有力地支撑作战需求。全自主的反辐射导弹(ARM)已经在以色列投入使用,这种“自杀式”无人机在以色列对抗真主党的战争中起到了重大作用。在以上这些情况中,AI 增强的武器系统都被用于收集信息、加强监控、分配侦察任务和开展数字化战争。与人类飞行员相比,AI 可以让自主无人机以闪电般的速度完成军事任务。在这些方面,相对于缺乏这些技术能力的国家或军队,AI 协助军事筹划方获得决定性优势;它提供了“边打边跑”式打击以及全自动、无人式打击能力,成为军事优势的重要组成部分。

这种技术革新带来一个后果是,当代军事专业人员不再具备战斗准备、自身武装和在战场上战斗至死的能力,他们更像是那些在最先进的办公大楼中冷静工作的信息技术操作员。在这种算法战中,军事人员被重新塑造为“办公室操作员”,他们在一排一排的电脑屏幕后进行远距离杀戮,而战斗的工具是软件程序、大数据和卫星。这些办公室操作员成为一个复杂的“杀戮链”的一部分,敌人只出现在屏幕上,而战争被重新设置为某种版本的电脑游戏。地面上的人们承受苦难、死亡等破坏性后果,永远流离失所;而派遣无人机发动杀戮攻击的办公室操作员将他们的敌人安全地隔离在了视线之外。正如西蒙·詹金斯(Simon Jenkins)讽刺地说道,无人机战争是“安全、简单、干净、'目标精准的',我们这边没人会受伤"[16]。

在一些国家(特别是美国)中,现代军队开始以惊人的规模部署致命性自主武器系统。第 3 章中已谈到在全球经济领域中,国家层面的 AI 技术和研发支出规模大幅增长。在自主武器技术领域的资助也出现了类似的飙升。近年来,将自主技术能力集成到武器系统中的现象迅速增多。按照本国军事工业规模投资致命性 AI 和自主武器技术的国家主要是美国、俄罗斯和韩国;在区域一级,欧盟也是重要成员。尽管可能对官方数据表示怀疑,但美国在 2021 年之前(包括 2021 年)对无人机技术领域的支出达到 170 亿美元,而中国同期的支出为 45 亿美元。但是,这种对无人机技术的单一比较还是不够的,因为军事开支需要基于各国更广泛的社会文化环境来考虑。

前人已经花费了大量的笔墨,介绍 AI 技术在现代战争中的应用;特别是自主系统和机器人技术的进步将如何潜在地改变军事力量,并提高民族国家的防御能力(特别是在监控方面),此外还包括未来战争[17]。对于如此复杂且仍在实时发展的技术,我们是否有可能提出一些新的观点?为此,有几个关键点值得强调。首先,将复杂的 AI 机器学习算法应用于大量的自主系统,不仅代表着战争技术的升级,还代表着完全不同的创新事物。与 50 年前相比,我们今天的世界风险更大,这很大程度上源于军事力量、数字监控与 AI 技术的复杂相互作用。其次,这些新发展进一步促进了 AI 增强的自主式武器系统在小型化方面的技术创新,尤其是无人机。无论结果是好是坏,我们生活的时代中,3D 打印无人机十分廉价;这对社会、政治和军事力量的交织产生了非常深远的影响。

将战争重心放在发展廉价、高威力的无人机武器的做法在全球迅速普及。商业化销售的无人机现在价格不到 200 美元,这类“玩具飞机”(可以在亚马逊上买到)被胡塞武装组织部署在也门的军队中,用于反抗沙特阿拉伯。在叙利亚的武装冲突中,一个低成本武装无人机集群用于袭击俄罗斯的一个空军基地。在委内瑞拉,某组织于 2019 年企图用两架装满炸药的无人机暗杀总统尼古拉斯·马杜罗(Nicolás Maduro)。伊朗、俄罗斯等约 40 个国家部署了武装无人机。如果需要征兵,备战过程通常是漫长的;相比而言,廉价无人机的时代发动战争相对简单。在强调利用最新的低成本商业技术的战略优势时,沙雷(Scharre)指出,“数十亿小型的、类似昆虫的无人机”可能会出现在未来的网络化战场上[18]。

事实上,无人机的小型化已经出现了真正的爆炸式发展,有些无人机像虫子一样小,目的是模仿昆虫的飞行特性。微型无人机有的以科幻小说中的名称命名,如“微型蝙蝠”和“黑寡妇”,而且已经越来越多地被世界各地的国防部门采购。这种微型无人机的普及,加上基于算法的数据解读能力,意味着政府和情报机构比以往任何时候都更容易对日常生活轨迹进行军事化监控或国家级监控。直到最近,人们还认为美国秘密军事研究机构已经开发出了最先进的低成本无人机部署方案。2017 年,美国军方在加利福尼亚州上空部署了三架 F/A-18 超级大黄蜂战斗机,激活了小型无人机集群(每个约 16 厘米长),这些无人机成功地实现了自适应集群飞行。然而从那时起,其他国家在微型无人机战争技术方面也相继取得关键进展。据报道,中国已经为“蜂群”无人机开发了数据链技术,主要关注监控、导航以及抗干扰的信息化操作[19]。此外,俄罗斯军方也试图将AI应用到无人机和水下自动化设备中,以执行"集群任务"。所有这些发展都对军事监控和准工业规模的"反恐"杀人机器产生了深远的影响。

低成本、小型化的自动武器的存在引发了一个重大问题,它破坏了国家政权和非国家政权、侵略与压迫、本地和全球、内部与外部之间的常规军事界限,也使人们对AI驱动的自动化武器技术可能引发战争而滋生出"不安全感"和矛盾心理。正如詹姆斯·约翰逊(James Johnson)所言,"敌人可能会高估AI的有效性,从而导致错误决策,甚至冲突升级。"[20]这里所言的是人们对AI的怀疑,而它本身就是焦虑的一大来源:如今,AI增强的自主武器服务于闪电打击、精确打击和"边打边跑"的策略。AI与大数据、网络、云计算相结合,在军事力量转型、战略防御规划和作战决策方面具有无限的潜力。在武器的操作层面,现在也越来越倾向于使用自动化智能机器,而非人类;这也导致在整体环境中人们对自动化暴力的恐惧,同时引发了更高水平的焦虑、不安、回避、矛盾和混乱。面对以领土为基础的传统军事力量的消解和军工企业向自动化、智能化方向的转型,一种常见的政策性回应是,大幅增加对AI驱动的导弹项目和自主武器的资助。但这种政策回应只会引发新的恐慌,甚至是军事灾难;许多批评人士指出,AI可能对本已高度脆弱的全球核平衡造成更大的威胁。正是在这种背景下,发动自动化战争的手段在全球范围内扩散,而我们今天生活在"AI军事技术社会"中。

注　释

[1] Michel Foucault, Discipline and Punish, Penguin, 1991.

[2] Mark Poster, The Second Machine Age, Polity, 1995, p. 69.

[3] Kevin D. Haggerty, 'Tear Down the Walls: On Demolishing the Panopticon', in David Lyon (ed.), Theorizing Surveillance: The Panopticon and Beyond, Routledge, 2006, p. 33.

[4] Nigel Thrift, 'Remembering the Technological Unconscious by Foregrounding Knowledges of Position', Environment and Planning D: Society and Space, 22 (1), 2004, pp. 175-90.

[5] John B. Thompson, The Media and Modernity, Polity, 1995, p. 134.

[6] Zygmunt Bauman, Society Under Siege, Polity, 2004, p. 34.

[7] Shoshana Zuboff, The Age of Surveillance Capitalism: The Fight for a Human Future at the New Frontier of Power, Profile Books, 2019, p. 15.

[8] Zuboff, Surveillance Capitalism, p. 8.

[9] Hannah Augur, 'Pokémon Go and Big Data: You Teach Me and I'll Teach You', Dataconomy, 1 August 2016: https://dataconomy.com/2016/08/pokemon-go-and-big-data/. 虽然这些评述很有洞察力,但值得注意的是宝可梦 Go 在 2017 年底从谷歌地图切换到 OSM(Open Street Maps)地图.非常感谢 Caoimhe Elliott 对作者的提醒,以及提供的更广泛的材料.

[10] Shoshana Zuboff, 'You Are Now Remotely Controlled', New York Times, 24 January 2020: https://www.nytimes.com/2020/01/24/opinion/sunday/surveillance-capitalism.html.

[11] Zuboff, Surveillance Capitalism, p. 235.

[12] Zuboff, Surveillance Capitalism, p. 62.

[13] Antoinette Rouvroy and Thomas Berns, 'Algorithmic Governmentality and Prospects of Emancipation: Disparateness as a Precondition for Individuation through Relationships?', Réseaux, 177 (1), 2013, pp. 163-96.

[14] John Urry, Offshoring, Polity, 2014, pp. 140-1.

[15] Max Weber, 'Politics as a Vocation', in H. H. Gerth and C. Wright Mills (eds.), From Max Weber: Essays in Sociology, Oxford University Press, 1958, pp. 77-128.

[16] Simon Jenkins, 'Drones are Fool's Gold: They Prolong Wars We Can't Win.' The Guardian, 11 January 2013: https://www.theguardian.com/commentisfree/2013/jan/10/drones-fools-gold-prolong-wars.

[17] 例如,参见 Edward Geist and Andrew J. Lohn, How Might Artificial Intelligence Affect the Risk of Nuclear War?, RAND Corporation, 2018; James S. Johnson, 'Artificial Intelligence and Future Warfare: Implications for International Security', Defense and Security Analysis, 35 (2), 2019, pp. 147-69.

[18] Paul Scharre, Robotics on the Battlefield Part II: The Coming Swarm, Center for a New American Security, 2014.

[19] 有关中国和俄罗斯在这方面的进展,参见:Johnson, 'Artificial Intelligence and Future Warfare'.

[20] Johnson, 'Artificial Intelligence and Future Warfare', p. 152.

第 8 章

AI 的未来

本书的最后一章探讨 AI 的未来,或者更准确地说,是可能的未来。许多批评人士认为,由于 AI 的指数级发展,我们正迅速接近人类历史的关键时刻。许多人认为,AI 在未来将极大地改变社会。自动化智能机器能够比人类更快、更准确或更好地思考,由它们构建的世界将与我们今天生活的世界截然不同。但我们应该如何预测这样的未来呢?AI 将对未来几十年产生什么影响?21 世纪被称为 AI 时代,但自动化智能机器有没有可能威胁到未来社会结构,并破坏现代性的遗产?为了思考 AI 在未来可能带来的巨大变化,首先可以简要地追溯过去。或者稍微换一种说法,“回到未来”——回顾 19 世纪到 20 世纪早期一些著名文学家和评论家的作品,他们探讨了人类和机器在未来可能如何进化的主题。

1859年达尔文的开创性作品《物种起源》(*The Origin of Species*)出版后,许多探讨未来社会的文学作品纷纷出现,包括乌托邦和反乌托邦式的,其中关于能够进化和自我复制的智能机器题材特别受重视。英国小说家塞缪尔·勃特勒(Samuel Butler)的讽刺小说《埃瑞洪》(Erewhon,1872)特别值得一提,它详尽地阐述了自动化机器对人类未来的影响。勃特勒有先见之明地警告,不断进化的智能机器的幽灵可能发展到统治世界,使人们被遗弃、流离失所。"埃瑞洪"是勃特勒杜撰的一个变位词,在《埃瑞洪》的世界中,机器越来越发展为不断自我复制的"智能化组织";他挑衅性地问道,"有多少机器不是由其他机器系统性地制造出来的?"[1]作为对未来的描述,《埃瑞洪》主要是预测性质的,它不是人们有时认为的那样,预设了机器对人类拥有技术优势。勃特勒的主要关注点是人类与机器的共同进化,以及这种关系背后具有自我毁灭性质的经济逻辑[2]。机械化和自动化的现代世界被市场经济渗透的程度越来越深,这使得勃特勒得出这样的结论:具备思考能力的机器的进化已经"掠夺了人类对精神的追求,使他们转而偏爱物质"[3]。勃特勒强调了社会对技术进行抵制的必要性,重要的是,《埃瑞洪》以人们对机器的反抗而结束,环境中具备威胁的机器被拆除、摧毁。

同样地,E. M. 福斯特(E. M. Foster)的短篇小说《大机器停止》(*The Machine Stops*)如今被视为反乌托邦科幻小说的经典之作,它探索了一个未来世界,在那里人们会成为智能机器的奴隶。福斯特描绘了一种灾难性的未来,在那个世界里,人们的生活完全由"机器"控制。他对机器的描述有着先见之明,与我们今天所认识到的数字化生活和社交媒体存在相似之处。福斯特的作品是在20世纪早期创作的,描述了通过气动管道发送信息的场景(显然是对电子邮件或WhatsApp的设想)和视频会议交互界面(惊人地像Skype或Zoom)。《大机器停止》一段时期内引发了人们对生活在地下深处的想象;根据小说中政府的说法,地球表面不适合居住。福斯特笔下的中心人物瓦实提(Vashti)是一位心怀不满的女学者,她将自己的智慧思考与观点传播给了100多位依赖于"大机器"的成员,他们都生活在地下。几乎和所有人一样,瓦实提的生活完全依赖于大机器可怕的基础性运行过程。她从不需要离开自己的独立房间去做任何事、见任何人;只要一按下按钮,机器就会提供水、食物、衣服、暖气,并通过视频会议网络与他人联系。起初,她似乎对自己身处"大机器"保障的机械式房间中的生活感到满意,可以自由地投身于她(看似狭隘的)作为知识分子的事务和文化兴趣。但在这种对机器力量的盲目臣服中,瓦实提的身体也在明显地变得虚弱,福斯特将她描述为"被襁褓包裹着的一团肉",而且完全依赖于技术[4]。在对数字化和AI领域出现技术突破的预想中,福斯特谈到"大机器"的"修复装置",它可以通过"食物管道""神经中枢""药物管道"甚至"音乐管道"实现自我进化和自我修复。这种有关机器智能进化的早期文学形象具有惊人的预见性。但这是一个世界末日的故事,瓦实提的儿子库诺(Kuno)居住在地球另一端的独立房间中,他要求亲自见到母亲,而不是"通过令人讨厌的大机器"。瓦实提警告库诺,他们"不能说出任何反对大机器的话";但通过一次深入的会谈,库诺向母亲告知了仍然有人类生活在地表的发现。福斯特的故事在大机器的一次毁灭性故障中达到高潮，大规模基础设施的故障导致地下的人们脱离了他们孤立的生活——离开了自动化大机器的帮助，他们尖叫、哭泣、相互碰撞，彻底迷失了方向。

勃特勒和福斯特的这些作品可能被解读为世界末日，即技术进步到某个临界点，社会就会发生灾难性的内爆。一些观察家认为，在描述文明与技术之间的相互作用时，相比于那些勾勒出宽泛的乌托邦式蓝图的作家，那些为我们带来阴暗而质朴的真相的作家，对人类的帮助更大[5]。我们将在后面讨论可能的、有争议性的未来，并同时保持一种乐观和悲观共存的可取态度；在钦叹社会技术出现重大进步的同时，也要看到技术创新虽无处不在，却也带来了熵增和风险。当然，与勃特勒和福斯特关于未来的宏大想象不同，近期科学界和政界对社会与科技在未来共同进化的预测在很大程度上是枯燥、狭隘和功能性的。本书在最后一章中提出建议和思考（尤其是关于AI和相关数字技术的预测），未来可以从社会、政治、经济、文化和历史等多个维度，通过更广泛、更具体的发展来支撑技术创新。我曾与约翰·厄里（John Urry）合著过一篇文章，论述了长期锚定效应、复杂相关关系的重要性，以及更广泛地引入对未来的批判性研究的意义，这些研究有助于更准确地理解社会理论和社会学科中对未来的预言[6]。本章将叙述与AI在全球范围内的社会影响有关的四种未来场景。本书提出的四种可选择的未来场景，并不是对固化的技术蓝图进行排演，而是对大量社会科学和技术研究文献进行总结；这些资料与不同国家内部AI发展水平相关，也可用于它们的横向比较。相关内容参考了政府报告中提出的多种AI场景，还包括英国政府利用情景构建专家开发的《前瞻计划》(*Foresight Programme*)。[7]本章谈论到未来的AI场景时,会将整本书中的论点整合到一起。但在探索这些可能的AI未来时,有必要回顾一下,关于未来的预言很少(如果有的话)成真。正如厄里在他的权威研究《未来是什么》(*What Is the Future*)中提到的,“简单的预测不可能成真,通向未来的道路绝不平坦”[8]。基于一种必要的局部性和临时性的方式,这些场景描绘了一种独特的技术可能性,以及它对未来经济和社会产生的显著影响。受到勃特勒和福斯特关于未来想象的启发,以及赫伯特·乔治·威尔斯(H. G. Wells)、儒勒·凡尔纳(Jules Verne)、威廉·莫里斯(William Morris)、玛丽·雪莱(Mary Shelley)和阿道司·赫胥黎(Aldous Huxley)的文学作品的影响。本章对每个未来场景都将从广阔的视角进行描绘,而不仅仅狭隘地讨论技术蓝图如何塑造我们由AI增强的世界。

8.1 现在的未来:COVID-19与全球AI

第一种情景描述的是“现在的未来”,也就是2020年全球COVID-19大流行的结果。在2020年前几个月里出现了不祥之兆,在令人震惊的短期时间内,冠状病毒在世界各地引发了令人震惊的恐惧和焦虑,对社会凝聚力和全球化造成了严峻挑战。在这种近期才出现的“未来”中,AI发挥了核心作用,并且有可能在今后几十年内对全球经济、社会、政治和公共卫生产生影响。随着政治家和决策者避免一场全面公共卫生危机的希望迅速破灭,公众考虑、商讨和共同应对的核心问题逐渐转移到技术解决方案和新型自动化数字服务。简而言之，人们越来越依赖数字化，并开始以一种他们从未有过的方式生活——在家远程工作、在线学习，通过视频会议平台召开（商务和个人）会议；随着社会封控情况的出现，人们的生活从面对面的互动转变为通过数字化媒介沟通。未来主义者声称，AI 将从根本上改变我们的世界；但 2019 年冠状病毒的出现戏剧性地推动了这一进程。在经济和社会大范围崩溃的历史时刻，指数型技术正准备“收拾残局”。然而，AI 在某些用途上总是更为合适，同时 COVID-19 与 AI 之间迅速演变的关系并不是一目了然的。虽然一些技术专家和媒体评论员认为，自动化智能机器可以“控制”，从而“拯救我们”免受瘟疫大流行带来的社会经济后果，让世界再次正常运转。但事实证明，现实的运行并不是那么公式化。事实上，在第一个未来场景中，我们总结了 AI 在帮助社会应对 COVID-19 时的两种部署方案。一种是功能性方案，另一种是复杂场景解决方案。无论是从短期还是长期来看，企业、组织和政府机构对 AI 的功能性部署，为应对紧迫的冠状病毒问题提供了各种技术性解决方案。复杂场景的应对方案更为开放，涵盖商业、企业、教育、培训、医药和公共卫生领域；这种 AI 的部署在不同程度上使人们意识到，技术解决方案存在高度的不确定性，且往往会导致意想不到的结果。

随着 COVID-19 的到来，未来的功能性场景正在戏剧性地出现；AI 推动的新技术已经准备就绪，可以帮助企业、组织、国家甚至跨国治理论坛迅速应对这场全球瘟疫大流行带来的挑战。最初，跨区域企业面临的最紧迫的挑战之一是使大量员工过渡到远程居家办公。近年来，世界各地的公司为了更好地帮助员工实现工作与生活的平衡,都采用了数字化技术。而这方面实际的挑战并不是远程工作本身,它更关注的是远程技术的规模和速度。微软和谷歌等公司试图提升各种云服务,最终使电话和视频会议系统在技术上更有能力满足社会日益增长的远程工作需求。AI 还被用于抗击新冠肺炎疫情所放大的一系列威胁。其中网络威胁尤其突出,网络犯罪集团利用钓鱼式网站引诱人们访问虚假页面。据估计,在疫情初期,谷歌每天使用 AI 技术拦截了针对 Gmail 用户的 1800 多万封冠状病毒诈骗邮件[9]。

许多全球化的批评人士迅速将新冠肺炎与经济活动"去全球化"的苗头联系起来。由此可见,民族国家之间的技术流动正在变缓。许多评论人士认为,新冠肺炎导致全球工厂陷入停顿,严重扰乱了全球供应链。还有人说,全球化的巅峰时代已经结束。然而,其他人则认为这一结论不可信。首先,它完全忽略了一点,即全球化不仅涉及世界各地商品的流动,还包括思想、信息和数据的流动。全球化和去全球化进程都与全球技术流动以及 AI 的制度化调整相互交织,可以说,AI 只会因为 COVID-19 的出现而提高全球化程度。从这个角度来看,更深层的社会学观点是,世界在 COVID-19 出现之后事实上迎来了数字化信息的激增,这些信息推动了虚拟网络的发展,以及 AI 技术的流动,包括机器人(尤其是聊天机器人)技术。已经证明,世界上的高科技互联对隔离免疫,但值得庆幸的是,它可以为隔离在家利用数字化工作站工作的员工提供支持。大卫·奥托尔(David Autor)和伊丽莎白·雷诺兹(Elizabeth Reynolds)表示,做个事后诸葛亮,也能发现远程工作可以带来巨大的经济效益。奥托尔和雷诺兹认为,就远程工作的发展趋势而言,新冠疫情危机将原本需要多年才能实现的事情压缩到了短短几个月的时间。凭借敏锐的洞察力和分析技巧,两位作者将远程招聘的兴起与未来情境联系起来;正如他们所正确认识到的,这种未来会对全球经济产生巨大影响。奥托尔和雷诺兹写道:

> 如果网真系统在很大程度上取代了专有的办公时间和商务旅行,随之而来的办公用房、日常通勤和商务短途旅行将会减少,这意味着建筑清洁、安全和维护服务的需求急剧下降,从而影响到酒店员工、餐厅员工、出租车和网约车司机以及其他许多工作人员,(原本)当人们不在自己家里时,这些员工提供吃、送、穿、招待和住宿服务。[10]

在 2019 年新冠病毒的影响下,AI 的技术海啸也转化为经济海啸。

受到公共卫生政策(社交距离、隔离、封锁)的限制,又必须保持稳健的财政政策来维持经济周转,经济部门很快实施了一些促进网真技术发展的数字化战略。不仅是职场办公室和校园,医疗保健专业人员、全科医生、心理治疗师,甚至政界人士都迅速从当面互动转向数字化互动。科技作为一种"控制核心"进入了新冠疫情的场景,让社交生活再次变得可控。从更私人的角度来看,这到底是一种什么景象?从数字晚宴到脸书上的葬礼,人们的社交环境都在以技术作为媒介;大家开始“尝试”数字社交生活。人类可能被隔离了,但谢天谢地智能机器就在身边,确保了经济和社会运转良好。有人认为,通过数字化技术重构社会秩序,不仅可以成功应对新冠肺炎带来的管理挑战,还能形成未来经济社会的新规则。无论是面向现在还是未来,AI 以及相关的数字化技术建立了个人和集体生活的规范化模型。最重要的一点是,作为“技术控制核心”,AI 不仅是应对 COVID-19 危机的工具,它还是超越新冠病毒领域的对未来规划的指南。

在分析经济、社会和政治层面对 COVID-19 的各种应对措施时,AI 作为一种未来管理的“技术控制核心”的观点具有相当大的影响力。从工厂车间的远程遥控机器人到零售行业的聊天机器人,AI 技术无疑对许多社会经济活动进行了数字化重组。算法系统由数据驱动的计算机模拟而成,使用强化学习来优化经济活动,它是自组织和自校正的,在多个场景的“智能企业”中起到辅助作用。然而,尽管这一观点具有一定的说服力,但它在许多方面同样具有误导性;例如它没有看到,与先进 AI 相关的技术发展不一定会提高经济效率,或带来预期的社会结果。随着越来越多的人在 COVID-19 危机期间开始远程工作,智能算法无疑有助于提供数字化手段维持社会秩序和经济系统;但是这种经济、金融和社会流动所带来的算法再组织和再生产会造成其他影响,它并不会简单地遵循预定的规则,而是根本没有限制,结果往往会在社会各经济部门之间导致不平衡。

例如,在新冠病毒爆发初期,许多公司、企业和零售店后台的 AI 模型出现了意外的故障和错误。这一现象出现时,针对客户行为的机器学习模型意外地中断工作了。而许多企业使用这些模型来更有效地推进库存、零售供应链、营销和分销的管理，以及业务组织和整合的许多其他方面。问题在于，COVID-19 在全球传播后，人们消费商品和接受服务的方式出现了巨大变化，购物习惯也迅速发生了巨大变化。亚马逊上最热门的 8 个产品搜索项戏剧性地反映了这一变化：卫生纸、口罩、洗手液、尿布、移动笔记本电脑桌、健身短裤、棋盘游戏和拼图。这一消费者数据与正常消费者数据之间的差异是惊人的。关键问题在于，在冠状病毒危机的前几个月里，消费者的购买行为生成的输入数据与 AI 之前训练所用的标准数据有很大差异。结果便是出现了一种“任性的 AI”。这些巨大的、意想不到的、计划外的批量订单“破坏”了自动化库存管理系统中的许多预测算法。这一点在服务业中也很明显。例如，寻求娱乐的消费者数量激增，扰乱了许多流媒体服务的自动化运营，这些服务在应用推荐算法方面遇到了严重的问题。自动化智能机器失效了。机器仍然根据数据组织库存和发货，但反馈循环已经出错了。机器学习和 AI 继续应对这些变化，但举步维艰。在输入数据与训练数据存在明显差异的情况下，机器学习模型不能很好地应对。因此，数据、反馈、预测式分配和消费者需求之间存在明显的不匹配。不确定性增加了，自动化智能机器试图捕捉这些消费者的快速变化。但是仍然存在着脱节，这只会强化和加剧不确定性。

使用 AI 来探索社会和经济组织中更开放的领域，而不是把技术想象为一个“控制核心”，会给社会带来一个非常不同的未来。一些分析人士对这种更具创造性的未来模式进行了探索，他们强调了适应性、文化转型、曝光度和持续调整等基本需求。算法风格的不确定性消除了它对“控制”的需求,也使人类和机器不断相互磨合。在算法现代化的背景下,人们日益认识到人力资源的不足;作为应对未来的一种手段,这种认识反过来又产生了不断增长的更新人机配置的需求。重新调整技术手段以适应 COVID-19 条件下的生活,正是人们协调社会活动和文化模式的方法。吉迪恩·利奇菲尔德(Gideon Lichfield)在《麻省理工学院技术评论》(*MIT Technology Review*)上撰文,谈到了“封闭经济”[11]的出现——数字化的个人身份构建,大幅减少了国际旅行带来的碳排放,增加了步行和骑行,带来了更多的本地供应链。可以肯定的是,这种情况开启了“现在的未来”——尽管它的“封闭”性还有待商榷。技术性“控制核心”带来的未来更注重功能性,但从定义上来说,技术在对未来可能性进行探索时遵循的轨迹是更加开放的,未来的发展道路需要容纳模糊性和不确定性。无论数字化程度有多高,社会距离“封闭”还有很长的一段距离。

8.2 自动化社会:网络化的人工生命

对未来的一种设想是“自动化社会”,或者称之为“网络化的人工生命”。这是一个超级 AI 世界。AI 会在未来几年里加速(尽管不是指数级)突破,促进日益自动化的生活方式的形成,也使社交和日常生活基本上“自动运行”。自动化设备不仅直接安置在服务于人的现实环境中,也被直接植入人体,它们可以轻松地将人们与全球 AI 基础设施、数据中心和数字网络连接起来。超级计算机和不断进化的智能机器驱动着自动化进程,它们可以安排工作,管理日程,组织专业会晤、家庭聚会,增进人们的友谊,甚至安排约会或亲密交往;更普遍的是,将公民的生活方式无缝整合到更大规模的公共和商业数字网络中。这些事情大多发生在“幕后”,是无形的、不可见的,因为在设备的辅助下,人们更多地追求与工作、消费、休闲、娱乐、旅行相关的事情。对许多人而言,生活和消费领域自动化程度的提升,带来的好处不言而喻。随着 AI 在客户体验、零售、金融服务、体育、自动驾驶、能源、公共设施和智能工厂等领域变得不可或缺,高度自动化的流程将嵌入几乎所有的社会关系。新的 AI 技术找到了完成任务的最快方式,基于机器学习辅助实现的超个性化服务,可以捕捉消费者对下一个产品或内容可能的预期。

在这种情境中,新型自动化软件“智能”地将基础设施、交互过程、组织机构、亲密关系、协议与人们组织在一起。最重要的是,这种高度先进的 AI 是在高科技社会中兴起的;这种背景下,自动化智能机器在日常生活中变得越来越重要。自动化的意义在于塑造个人生活与社会生活的秩序,而不是像几十年前那样,使它们功利性地为后工业资本主义提供保障。网络人工生命诞生在一个消费主义卷土重来的时代,人们可以观看由自己选择的虚拟演员出演的定制化电影;拥有家庭辅助机器人修剪草坪、清理窗户,甚至协助一般性的财物维护;复杂的预测程序预测人们在媒体、流行文化、亚文化、零售行业、服务行业以及时尚领域中品味和偏好的变化。在这个 AI 日益普及的未来,人们将用自己选择的语言进行交流和互动,并在瞬间启动快速机器翻译软件。嵌入机器翻译模型的数字化调节器将理解语境、口音等细微差别,迅速扩大跨文化交流的可能性,并为探索多元文化形式的全球化机器人提供丰富的环境。与此同时，随着整个社会的感知能力被智能算法重塑，人们在日常生活中所做的许多事情都将被划入需要“自动连接或断开连接”的范畴。聊天机器人和自主机器人将创造并执行高速的活动流，这些活动流支撑并维持着人们的工作与生活。再次强调，这种自动化的力量将“一直处于工作状态”，悄无声息地在社会生活的“后台”运行。

在21世纪早期的几十年里，算法和自动化技术在社会生活中广泛传播；在本节提到的场景中，它被培育为另一种力量，成为一种完全成熟的文化殖民。在这个先进的资本主义所造就的令人惊诧的自动化时代，AI普及了大量技术、范式和治理规则，从根本上改变了全球经济。可以肯定的是，这会使大量数据高速公路成为经济贸易的新航线。云存储的规模首次超过了仓库和集装箱。还出现了中心化媒体、传统营销和广告向分散式传播和数字化领域的大规模加速转型。智慧工厂是工业5.0与物联网融合的新产物，它能够优化流程，预测维修活动，发送早期预警，并加强质量控制。在新型工业革命到来之际，经济和社会被等同于云计算或边缘计算、嵌入式智能设备、先进的机器学习模型、纳米机器人、超智能传感器、生成式设计、计算机视觉系统、情感计算和智能算法。这种自动化的能力形成了一个日益多元的整体。在医疗保健领域，AI彻底改变了个性化医疗——从脑肿瘤的早期检测到定制化的癌症治疗方案。在网络安全领域，AI将在数据泄露或造成破坏性影响之前监控恶意的计算机病毒和恶意软件。在交通运输领域，新出现自动驾驶汽车、无人驾驶火车和自动驾驶飞机也将重新定义出行方式。AI航天器将进入小行星带。在零售业和相关服务行业,先进的面部识别技术将把握消费者的情绪。这一切会给许多人创造无限的可能性。例如,教育工作者能够更好地了解学生的反应,知道哪些学生在努力学习或感到无聊,从而有助于制定个性化的学习方法。

以上强调了“自动化社会”为个人和社会带来的巨大利益,当然也应该肯定 AI 在教育、医疗、交通、网络安全和娱乐等方面的价值。尽管如此,我们需要明白,如果强有力的自动化社会使得人们对未来抱有进步、繁荣和自由的振奋期待,那么它也可能会形成另一些标志,包括严重的全球不平等,破坏性的冲突和普遍的威权主义。对有些人而言,自动化领域的革命性进步可能与其他全球性趋势以极具破坏性的方式交织在一起,最终可能导致深层次的经济萧条或大规模的高科技战争。包括人口在内的其他变化,例如气候、社会发展的可持续性、老龄化和移民,也严重影响了这种令人鼓舞的前景。这种未来前景的另一个严重问题在于,它基本上没有提到这样一个事实:AI 在促进全球平等的同时,也可能对它造成阻碍。AI 主导的大规模自动化的未来,非但无助于消除各种形式的经济不平等和权力不对称,还可能导致世界上前所未有的资源、资本和权力的大规模集中。美国和中国已经在 AI 领域取得了许多前沿进展,但很可能只有技术最先进的国家才能在未来充分享受 AI 技术红利。这与另一点相关联。虽然在 21 世纪的头几十年,AI 技术的能力在全球经济的某些领域呈指数级增长,使我们距离理想化、自动化的未来更近一步,但要在全球范围内推广,特别是在(美国)南方贫穷的特大新兴城市,存在着极大的困难。因此,受到过分推崇的自动化社会可能会被贴上

“第一世界”技术解决方案的标签。对于持这种观点的一些技术专家而言,问题主要在于,如果想让这样一个系统在全球范围内起作用,需要大量的资源。

8.3　2045年:技术奇点

第三种未来场景是技术奇点,它指的是一个具备超级计算智能的世界,在这个世界里,AI已经有效地淘汰了生物性的人类。以超级计算机为基础的新型高科技全球性社会超越了人类社会,自动化机器如此智能,它们可以迭代式地完成自身的设计和改进。这是一个拥有超级科技的世界,超级智能系统解决一切问题,包括神经科学未解难题以及消除气候变化的破坏性影响。随着先进的机器人技术、遗传学和纳米技术从根本上改变了全球的生产和消费系统,资源短缺和全球食品供应的问题远没有预期的那么严重。超高速旅行和超个性化的生活方式愈加受到推崇,经济全球化的形式、规模和程度成为另一种构建权力的支柱。关于生态灾难、核灾难造成地球毁灭的末日预言被证明是荒谬的,而持续了几个世纪的大量社会和政治问题(如战争、饥荒和疾病),可以通过超级智能对人类社会的重新组织得到补救。似乎这一切还不够匪夷所思,技术的奇点在于,纳米技术的发展使人们能够将自己的记忆拷贝下载到超级智能机器中。随着永生的梦想成为现实,人们将完全接受超级智能,并抛弃自己的生物身体,这将是人类最后的归宿。

这种未来出现的可能,源于世界各地科技进步、创新的速度呈指数级增长。20世纪50年代,数学家约翰·冯·诺伊曼(John von Neumann)率先提出机器可以达到人类智能的水平,然后超越人类智能。冯·诺伊曼谈道,全世界都在加速技术变革,这种变革将在“人类历史上出现某种根本性的奇点,超越这个奇点,我们所知的人类事务就无法延续了”[12]。从这个角度看,只有技术才能对技术进行改进,而技术能力的指数级增长意味着机器智能将会超越人类智能好几个数量级。可以说,没有人比科幻作家弗诺·文奇(Vernor Vinge)更有远见地认识到这种技术的可能性。文奇坚持认为,计算能力的显著提高意味着世界“将拥有创造超级人类智能的技术手段”[13]。这种“技术意义”到底是什么?文奇没有直接猜测AI的作用,但他坚信超级智能机器最终会通过对自身的重新设计和改进,推动世界发展;而人类将成为这种技术性未来的旁观者。

从这些早期的科学和文学预言中,我们可以看到雅克·埃鲁尔(Jacques Ellul)所总结的令人印象深刻的“技术的自我合法化”特征[14]。根据埃鲁尔的说法,除了自身的资源、创新、进步,技术不需要寻求其他权威的认可;它本身已经合法化了。要这样发展,技术上实现特定目标的可能性是必要条件。埃鲁尔写道:“技术可以确保事先知道结果。”沿着埃鲁尔的思路,我们可以随着“奇点”这一诱人的概念追溯到“技术修正”的论述[15]。随着自动化智能机器日益成为全球秩序的主导力量,这种“技术修正”成为AI更广泛的转型的一部分。

对这种技术修正方案的支持,最著名的作品要数雷·库兹韦尔(Ray Kurzweil)的畅销书《奇点临近》(*The Singularity Is Near*)。库兹韦尔对人类未来愿景的描述始终围绕着技术这一神奇的力量。他认为,人类正迅速到达一个临界点,即非生物智能将超过生物智能。这个临界点就是技术奇点。与其说这是一个是与否的问题,不如说讨论什么时候这种全球性的变化会导致“我们的生物思维与现存技术相融合,最终形成一个超越了生物性本原的人类世界。后奇点时代,人类与机器之间,物理现实与虚拟世界之间将不会再有区别”[16]。技术奇点之后,超级智能机器的能力将大大超过人类集体的全部能力,人类与机器之间的分界也将消失。这一惊人转变的主要含义在于,人类将不再是地球上最聪明的群体。人类将被超级智能机器取代。此外,库兹韦尔说,这种技术革命的转折将在 2045 年左右出现。

技术能力的指数级增长,也就是库兹韦尔所说的“加速回报定律”,是奇点可能出现的核心原因。要使机器智能超过人类智能的水平,技术能力必须“大大超过”目前被认为具有自我改进能力的深度学习算法;技术必须变得更强大。库兹韦尔在摩尔定律中发现了这种可能,一些人认为计算能力每 18 个月左右就会翻一番。事实上,摩尔本人预测这种指数级增长只能持续 10 年,而随着时间的推移,计算能力实际上持续快速增长了近半个世纪。摩尔将这种指数级的加速归功于计算机芯片;库兹韦尔也将芯片从计算机科学领域中剥离出来,并将其用于解释明显的技术进步。正是这种高速的技术发展,以及创新部门之间的交互,机器之中将爆发出超人的智能。技术自由意味着“技术成为一套不断进化的体系”;增压式的技术进化是加速定律的“必然结果”,它会造就一种智能机器,这种机器能够通过设计的迭代实现自我升级。反过来,这些新机器将进一步经历自我重新设计和自我完善的过程,从而变得更加智能。随着智能机器以指数级速度升级,并显著地超越人类智能,这种增压式的进化过程预示着技术奇点的必然性。

库兹韦尔从技术的指数级发展中看到了计算能力、人类能力(尤其是在生物学、认知和记忆层面)和社会力量的戏剧性转变,它们的力量被释放,又再次被增压。在《奇点临近》一书中,有一种“一切皆有可能”的含义,从三维分子计算到纳米级自组装电路,再到纳米管的开发,算法成为了现代精神的实践方法。技术奇点的意识形态基础是对改进的追求:超级智能机器的神奇力量将使社会变得更好——个人和社群将比人类历史上任何时候都更聪明、更健康、更迅捷、更智能。“到21世纪40年代,”库兹韦尔评论道,“我们将能够把人类的智力提高10亿倍。这将是一个深刻的变化,在本质上是独一无二的。电脑将会变得越来越小。最终,它们会进入我们的身体和大脑,让我们更健康、更聪明。”[17]

这些论述确实有些夸张。但“技术修正”的诱惑却更大。在库兹韦尔对未来的设想中,人是彻头彻尾的技术对象:生物医学、纳米技术与AI的结合重新定义了人类的整个活动领域,最终会发展到对整个人的重新设计,包括生物性身体的拆卸和重组;在技术奇点发生之后,这一切还会继续。库兹韦尔说,技术上的奇点“将赋予我们重新编辑基因和代谢过程的能力,从而阻止疾病和衰老过程……当我们成为非生物的存在时,我们将获得‘备份自己’的方法(存储我们的知识、技能和性格的关键模式),从而消除我们所知道的大多数造成死亡的因素”[18]。在这里,人类被重塑为纯技术体的形式,并由专家设计的超级智能机器进行持续性的生物升级和分子增强。库兹韦尔总结道,归功于 AI 和纳米医疗技术,人类的健康革命将使“脆弱的 1.0 版本人体”大规模升级为“更持久、更有能力的 2.0 版本人体”。逆向工程将根除心脏病、癌症和其他疾病。生活本身将变成一系列无休无止、持续不断的从超级智能技术中获取升级方法的过程。AI、遗传学和纳米技术的革命将无限期地维持人体运转。

库兹韦尔认为,技术奇点文化将在很大程度上解放人类,这是一种非生物智能对生物智能实现超越和主宰的文化。它会侵蚀当今时代的边界,并打破当前的架构。在这种情况下,奇点作为一种技术乌托邦出现了。可以肯定的是,库兹韦尔认为强大的 AI 技术与遗传学、纳米技术革命带来的其他技术相结合,预示着一种新的社会秩序。从老龄化的逆转到世界贫困的消除,技术奇点的出现被归因于一种幻想的文化构建能力,远远超过那些过时的实践、规范和现代社会理想。然而,这并不是说科学、超级智能和技术不会犯错。技术奇点包括许多高阶风险,例如病毒的飞速传播,成熟的杀手机器人,以及失控的 AI 机器。但库兹韦尔表示,只有对创新性技术进行投资,并认识到非生物智能将在社会中传播多元化的新价值观,超级智能才能彻底获胜。库兹韦尔最终将技术奇点带来的生产活力与其潜在的风险或危险对立起来,从而将未来世界描绘成一种具象化的大型超级智能。

工程师、计算机科学家和其他专家则指出了多种技术因素,说明未来不太可能出现技术奇点。一些评论人士认为,这种未来在技术上过于简单,因为它基于“指数增长谬误”。有很多统计数据可能呈指数级增长,至少在一段时间内是这样;但是,自然科学和社会科学也发现了各种各样的制约因素,这些因素会限制或破坏指数级增长,使其无法持续升级。由于资源限制或社会情感结构的变化,系统是指数级增长的加速状态会出现逆转。可以说,许多技术都经历过指数级增长时期,尤其是在科学创新的早期阶段。太空旅行技术的爆发使人类在1969年登上月球就是一个很好的例子。然而,如果太空探索领域继续指数级发展,按照预期,前往多个行星的载人航天任务的数量将呈现爆炸式增长。但这一切没有发生:由于一系列复杂的技术和政治原因(包括各种转型和趋势逆转),太空探索在登月后受阻。这使得我们很难简单地将加速发展的计算能力应用于解决全新的文化问题。换言之,超快的计算速度并不等同于更高的社会智力。库兹韦尔的技术乌托邦为社会和政治创新提供了一颗灵丹妙药或一种全能方法(例如,他声称技术奇点将"消除"世界贫困和全球粮食短缺);但是,社会生活中更为深刻的心理和文化等中间层面,如社区福祉、代际关系、伦理和分配正义,以及社会未来与自然环境的关系,在很大程度上被忽视了。在全球范围内实现"技术修正"的梦想之外,库兹韦尔未能探究塑造未来思维的更深层次的文化和社会根源。与库兹韦尔强烈的规范性技术倾向相反,社会的未来并不一定是预先决定的,未来技术奇点的出现也不是必然的。

AI、纳米技术和遗传学等新技术的神奇结合将自动产生超级智能,并由此带来广泛的社会变革;这种未来是非常确定的。许多技术专家一致认为,技术的突飞猛进,特别是最近AI领域的突破正在使人机之间的界限变得模糊。但是,关于AI何时能与人类智能匹敌,人们的意见相差很大。2017年,托比·沃尔什(Toby Walsh)向300多名

AI 领域专家请教,机器达到人类智能水平需要多长时间[19]。专家们给出的预测平均值是 2062 年。但请注意,这一估计关注的是制造出达到人类水平的机器,而不是机器智能超越人类智能的时刻。正如沃尔什所写的那样:“至少还需要半个世纪,才能看到计算机的能力与人类相匹敌。”考虑到需要各种各样的突破,很难预测这些突破何时会发生,这一过程甚至可能需要一个世纪或更长时间。对此我们可以补充一点,即使实现了这些突破,也很难保证新技术会均匀扩散,或者很难保证这种技术创新能够毫无阻碍地实现全球化。大卫·埃哲顿(David Edgerton)曾提到“技术民族主义”的巨大力量,它阻止了创新的跨国界传播[20]。正如一位批评人士所言,技术奇点的观点也是“天上掉馅饼”,因为它假设这些创新会以政治解放的方式自动产生与之匹配的经济和社会变革。但技术奇点肯定会引起激烈的争论,特别是在已经经历了相当程度“技术后冲”的社会中,相关争论会使这种未来遭到抵制。而且值得强调的是,广泛的技术修正同样有可能导致政治上的倒退,引发社会不平等,加剧全球政治冲突。许多批评人士还认为,这种未来不太可能或者不太可取,因为如此广泛和密集的技术改造会消耗极高的能源成本,导致全球环境危机。这引出了我们最后一个未来场景。

8.4 人工智能与未来气候

这种未来场景关注于破坏性的气候变化,以及 AI 在重新定义未来气候与能源安全关系方面可能做出的贡献。现有文献中有两种截然不同的观点。第一种认为 AI 可为未来塑造低碳、甚至是后碳时代的气候发挥关键作用。第二种观点认为 AI 是经济增长模式中占主导地位的重要组成部分,并预测了一个可怕的未来,即新技术将加剧地球的气候变化。

第一种观点越来越多地被称为"AI 驱动的逆增长",包括使用有效的算法技术逆转化石燃料的燃烧带来的全球变暖趋势。这种逆转挑战了碳资本主义,与新的技术形式、经济结构和社会模式密切交织。在《气候变化的政治》(*The Politics of Climate Change*)一书中,安东尼·吉登斯(Anthony Giddens)写道,"技术是最重要的领域,在这个领域中,我们可以基于相关定理,利用这种为我们造成危险的力量实现惊险一跃,从而处理危机"[21]。吉登斯认为,要通过 AI 和相关数字化进程中的技术创新来应对气候变化的巨大挑战,必须采取更加具体和激进的措施。这种 AI 驱动的低碳型未来气候出现的前提,是找到产生能源的新方法,并以某种方式解决全球变暖问题。从减少温室气体排放,特别是二氧化碳排放,到扭转全球海平面上升趋势,AI 和数字化互联技术的进步对我们应对全球气候变化的挑战至关重要。技术在推行低碳生活方式等方面形成的影响力,很可能与 AI 领域的突破、机器学习实验以及新型算法驱动的社会和环境实践直接相关。

或许,AI 作为一种对抗高碳生活方式的新兴力量,最显著的例子之一就是机器学习(尤其是深度学习)在能效领域的应用。在这里,AI 技术得到广泛应用,以促进低碳实践,从而重塑经济和社会。一些作者认为,AI 正日益成为整个经济体中能源转型的驱动力。当然,在各种工业环境中,在智慧城市的推广中,以及更重要的是对于能源行业本身,AI已经被用于提高能源利用率。例如,谷歌利用DeepMind的AI实现了数据中心的自动化冷却,从而降低了30%的能源消耗。为此,DeepMind中基于云计算的AI使用了数千个传感器,对谷歌数据设施的冷却系统进行“快照”;这一科技巨头的整体碳消耗通过深度神经网络进行反馈,从而提出使能源消耗最小的建议。如果没有数据处理人员和AI监管人员精心演算出最佳的调整方案,这种利用AI推荐系统提升能源效率的转型是不可想象的。相关的日常维护越来越多地与AI代理和潜在的自动化基础设施联系在一起,主要用于估计能耗边界。通过人机接口密切关注自动化和日常管理过程,最终愿景是实现能够提高能源利用效率的AI工程。

然而,只有利用AI真正建成一个新的后碳时代能源管理系统,并在世界各地系统地推广,这种未来场景才会出现。许多评论人士认为这仍然是可行的,AI能够为保障未来气候的可持续性做出重大贡献。这显然不仅涉及利用AI提高能源利用效率;它还包括重新解决能源问题、应对未来气候变化,并创造新的经济和社会系统。这种划时代的变化将包括推出全新的技术解决方案、利用新能源,从而创造出生态上更具可持续性的社会。但是,一些评论家再次指出这一切都是“天上掉馅饼”。他们对AI在技术和资源领域所处的地位表示担忧,认为AI无法为这种后碳时代新型系统的研发和全球范围内的推广做出贡献。其他批评人士则更为激进,他们认为AI实际上与这些气候变化目标以及提高能源利用效率的目标直接冲突——尽管它的支持者声称绝非如此。从这个批判的角度来看,AI技术本身就是极其昂贵的能源消耗的重要原因。此外，生产、消费、运输和旅游领域出现的智能自动控制机器系统，以及可能出现的休闲和娱乐系统的升级，让人们越来越倾向于认为本世纪有可能发生生态灾难。

如今的数据海啸消耗了全球的大量能源，这让许多人措手不及，也让AI逆增长的倡导者感到意外。可以说，世界正处于一个技术转折点，数十亿部智能手机、平板电脑和其他联网设备正威胁着AI逆增长。一些人认为，新技术可以通过提高能源效率和减少浪费来减少碳排放，而这种观点看起来越来越站不住脚。全球范围内的各种调查支持了这种怀疑。例如，美国能源部估计，全球数据中心每年大约消耗200太瓦时的电力[22]。这种消耗超过了许多国家的能源需求。鉴于全球数据中心的大规模增长，尤其是在亚洲，电力需求是前所未有的。美国的一项研究认为，AI、无人驾驶汽车、机器人和面部识别监控技术是驱动未来5年全球电力消耗增长两倍的关键因素。据瑞典研究工程师安德斯·安德雷（Anders Andrae）估计，到2025年全球计算设施将消耗全球20%的电力供应，产生约5.5%的碳排放[23]。安德雷的工作映证了更广泛的调查，这些调查强调，全球AI技术相关应用消耗的电力已达国家级，可排在美国、中国和印度之后。“AI将创造一个低碳未来”的假设越来越不可能，这让许多人（无论是专家还是普通人）都感到震惊。

这些消耗也极有可能在现代算法的使用过程中进一步升级。通常，机器学习算法会消耗越来越多的能量。在越来越多的情况下，算法的设计需要越来越长时间的训练，这涉及巨大的计算能力负荷。更令人担忧的是，自然语言的最新进展中广泛采用了存储数据的服务器集群,事实上这些设备特别耗电。根据艾玛·斯特鲁贝尔(Emma Strubell)、阿南亚·加雷什(Ananya Garesh)和安德鲁·麦卡勒姆(Andrew McCallum)的说法,在许多自然语言处理任务中,神经网络的计算需要格外多的计算资源,相当于一辆汽车从制造到使用的整个生命周期所消耗的能量[24]。可以理解有很多人抱怨AI的发展过程中消耗的能源,但与此同时需要注意的是,社会的未来从来都不是由技术预先确定的;目前对于AI革命最终将如何影响气候变化的大格局,前景仍不明朗。

总而言之,这是一个非常复杂的未来场景,很难评估这些截然不同的发展路径在未来几十年中推广到全球不同地区的可能性。AI逆增长的未来基于一种假设:新技术的益处足以抵消它对环境造成的破坏,并在全球各地推行低碳或后碳时代能源解决方案。如果AI技术设计方案的改进和效率的提高可以对能源安全实现渐进性甚至创新性的改善,可能会实现这一未来场景。当然,一些人认为,AI的突破可能更加彻底且具有革命性,几乎会影响未来社会和经济生活的所有领域。但是,从政策和社会经济发展的角度来看,无法对这种突破做出预测,也几乎不可能进行评估。第二种观点或许更加现实,它强调AI技术已经与碳资本主义的能源紧密相连,因此,很难看到这些技术如何摆脱对碳能源密集型渠道的依赖。然而,同样重要的是我们必须牢记未来社会的开放性。如果AI的研究和创新能够为创造新型电力存储方式做出贡献,那么这将对能源安全产生巨大影响。与电力存储相关的各种发展,如流体电池、超级电容器和电力转换系统,都是可能应用的关键存储技术;当它们与AI的发展相结合时,可能会提供一种先进的向社会推广电力的方法,并实现低碳经济。

8.5 算法能力与信任

所以,以上四个未来场景,在整体背景之外捕捉了一个个社会缩影;智能算法在其中扮演着各种角色,并将任务和决策委派给人工代理或自动化机器。值得注意的是,可以说我们已经从现在看到了未来的一些端倪,因为当前人们已经生活在一个AI支持的世界,在这个世界中,开展实践行动的不止有人类,还包括越来越精妙的人造机器[25]。我们日常生活中越来越多的决策和任务被委托给人工代理、机器学习机制和自动化程序,在这样的世界中,越来越明显的是一方面社会关系和体制生活正在发生重大变化,另一方面人们对自动化智能机器的信任发生了转变。这些变化与多种假设相关,包括可靠性、公共利益、计算机系统的忠诚度以及其他人工代理的行为。这种情况很新奇,因为在自动化机器的背景下,不存在相互理解或情感团结的可能性;这与建立在互惠基础上的人际信任不同。在AI密集化的时代,人们开始依赖那些独立于自身的算法和自动化设备,这反而带来了惊人的机遇和重大的风险。本章最后一节将简要阐述由此产生的问题,并探讨是否存在一种可能的方法,在未来AI社会中处理好信任问题。未来是否有可能开发出一种使用AI的方法,将AI嵌入对社会机构、文化实践和政治趋势的分析过程中,使信任度得到合理的分配?如果AI、信任和权力错综复杂地交织在一起,我们该如何理解算法世界里长期的时空动态变化？在未来，人与技术的混合体或人工代理会被赋予道德行为能力吗？人工代理能在道德上负责吗？如果是的话，我们是否能够相信这些非人类体？这是一个理想的未来吗？

信任的理念是这些问题和关注点的核心。信任是体制化生活中社会关系和文化互动的重要组成部分，贯穿于人际关系、组织化交易等社会领域。在自动化智能机器的时代，信任也起到关键作用，但如果条件迥异，结果也会截然不同。要理解为什么会这样，有必要简要地思考一下社会信任的概念，以及最近关于数字革命引发的信任转型的讨论。当代社会中有许多关于信任的理论。对于科尔曼（Coleman）、普特南（Putnam）等学者而言，信任是"社会资本"的核心，它促进社会生活各个领域的文化互动和行为协调[26]。尼克拉斯·卢曼（Niklas Luhmann）声称，信任是存在不确定性和风险的情况下，对他人自由的一种应对方式；在这种情况下，社会领域中的行动和决定是十分复杂的[27]。迭戈·甘贝塔（Diego Gambetta）也这么认为，他将信任定义为"主体在无法实施监控的条件下，对另一个主体或群体执行特定行为所持有的主观概率水平……且行为结果会对自身造成影响"[28]。有意思的是，甘贝塔问道，"我们能相信信任本身吗？"他提出的疑问在于，社会合作是否也可能独立于信任而发挥作用。对安东尼·吉登斯（Anthony Giddens）而言，个人信任与制度信任之间存在着本质的不同。他在书中揭示了现代制度为日常生活提供的安全保障。对吉登斯而言，个人信任与互动和情感交流有关，而系统信任则与人们对客观原则和专业知识（往往是匿名形式）的信念有关。吉登斯写道,“现代制度的本质与抽象系统中的信任机制紧密相连,尤其是专家系统中的信任”[29]。从逻辑上讲,不信任指的是对复杂系统中包含的所谓专业知识的怀疑。

如今,人工代理和自动化智能系统产生和处理大量数据,许多形式的社会互动和文化合作都依赖于对它们的高度信任。托马斯·伯恩斯(Thomas Berns)和安托瓦内特·鲁夫罗伊(Antoinette Rouvroy)提出了“算法治理”这个词来描述自动化过程中这种持续和渐进的转变,其中与人工代理产生信任交互的人们会陷入理想与现实的冲突,或者高级智能自动化在理论与执行层面的冲突[30]。卢西亚诺·弗洛里迪(Luciano Floridi)将数据视为现代社会的“新石油”,他指出,随着人们“越来越多地将自己的记忆、决策、日常任务委托或外包给人工代理……我们开始意识到自己本质上是一种信息生物;这一转变不是通过生物技术改造自身,而是更严肃、更现实地,通过彻底改造我们所处的环境和环境中运行的媒介而实现的”[31]。弗洛里迪发现,在数据化过程中,信任方式的转变和巩固是面向人工代理的,或者更一般地说是面向计算模型的。法国哲学家米歇尔·塞尔(Michel Serres)认为,当代社会源于人与信息系统之间相互依赖的循环关系,而贝尔纳·斯蒂格勒(Bernard Stiegler)在他关于自动化社会的论文中指出,最常见的计算接口、传感器和其他人工装置导致了“自主化的存在”[32]。这种观点认为,传统上倾向于积累和自我强化的信任形成方式从根本上被瓦解,变成了自动化生活中的超然或冷漠。

马西莫·杜兰特(Massimo Durante)对AI的崛起进行了一项创新而广博的研究,他将自动化视为环境对世界的不断适应和转型,而这都是由“独特的计算能力”所创造的[33]。在杜兰特看来,计算能力不仅是指数字革命带来的数据处理能力的广泛应用,还包括社会行为结构、世界的适应性以及现实表征的深刻变化。其中的每一个因素对其他因素都不可或缺,重要的是这些转变在日常生活中基本上被忽视。对杜兰特而言,信任经历了深刻的变化,这是计算能力发展的结果。在一个我们经常将决策和任务委托给人工代理的世界中,我们只需要使用“信任”这个词就能唤起不安或幻灭感。对非人类的第三方的信任通常被认为是矛盾和模糊的。今天,我们似乎已经听天由命地相信了保障我们生活的复杂计算系统[34]。但对杜兰特而言,这种默认意味着一种心理上的退缩。因此,仍有一些至关重要的问题需要解决。杜兰特认为,从以下三个层面提出的问题尤为重要:“①信息层面:我们能在多大程度上了解和衡量计算系统的可信度?②价值层面:在何种程度上,我们与这些计算系统有共同的关注点或目的?③标准层面:如何提示或评价计算系统的忠诚度?”[35]为了解决这些问题,杜兰特对主体交互式信任和系统信任进行了对比。主体间的交互体现了人与各种人工代理之间开展信任互动的行为;可能用“信任投射”这一术语更为贴切,它可以充分捕捉这种转移到非人类的第三方的情感。系统信任包括整个数字环境。在这个领域中,信任增加了人们被自动化算法统治的风险。一个关键的风险在于,信任变得扭曲、疏远甚至面目全非,失去了它作为社会秩序必不可少的黏合剂的作用。

杜兰特认为,在 AI 增强的世界里,信任最好被视为一种分类设备,但这种设备会影响到社会的排他性。信任分类数字设备有助于确保文化合作，促进许多共同的社会目标；但信任总是会变成危险。杜兰特写道："对某一个算法、人工代理或技术设备的信任，转变为对数字世界的广泛信任。数字世界中的环境以及对现实世界的表征，会逐渐适应于技术的功能。"[36]这让人不禁想知道，将决策和任务委托给自动化智能机器能有多大的影响。杜兰特谈到"在技术性设计的环境中排除生命形式：个人、团体或国家把自己的命运交付给流水线，以获得适应环境中技术变化的能力，以及从环境中挖掘能源和资源的能力，并让系统为了长远的、差异性的目标为他们分配收益。"我们越来越相信专家计算系统和AI会代表我们做出决定或采取行动，但在这一过程中，我们担心自己会被排除在自己的生活、他人的生活以及更广泛的公共生活之外。

在当代，这种系统信任的一个关键形式是AI。吉登斯（Giddens）在研究专家系统协调日常生活的过程后指出，AI支持的数字化技术提供了基本安全保障。人们可以在曼哈顿下城区预约优步服务，要求10分钟后到达格林威治村；同时非常确信自己可以在应用程序显示的时间内到达预定地点。完成这一操作，只需要初步了解智能手机的使用方法，而不需要掌握MySQL或Redis等大数据系统知识。可以肯定的是，人们必须知道什么是拼车，以及什么是换乘；知道如何创建一个账户，以及如何在移动设备上对行程打分评级。但是，与行程本身相关的技术属于系统信任和专家知识领域。当然，可靠性、安全性、协调性和系统性已经成为证明AI合理性的有效指标。然而可以肯定的是，将AI驱动的自动化简化为一种单一功能，还是有些荒谬。如果说AI提供了自动化技术，为日常生活带来了广大的安全保障，那么它也会成为社会骚乱和政治动荡的源头。AI 技术的进步，也使其在区域、国家和全球范围内传播虚假消息时起到了推波助澜的作用。宣传算法的武器化，假新闻，机器人，换脸技术：AI 已经与政治化的错误信息和社会混乱深深交织在一起，这反过来又产生了意想不到的后果[37]。

此时，我们应该停下来思考，在有关自动化决策的辩论中，“透明”的道德观是如何发挥作用的。许多政策中体现了“可解释 AI”的思想，即向利益攸关方提供算法决策系统的解释——最显著的是欧盟在发展“值得信赖的 AI”项目中提出的指导方针。基于以人为中心的理念，欧盟追求在 AI 软件和硬件系统中建立信任，从而寻求防范社会风险的算法决策；欧盟在一个新的政策框架中重新工作，而不是纠缠于陈旧观念，就像如今主要在伦理领域中争论的保证和信任。但对于越来越多的批评者而言，他们担心的是计算信任中是否会存在着压迫人的、非人道的东西，算法系统和软件是否正在使人们疏离，而非巩固合作基础。这就好像信任一词用于一个无法估量的超出其含义的领域。如果这是一个负责、值得信任的领域，需要高调地打消人们的疑虑；在实现“值得信赖的 AI”项目中，政策语言大量使用“透明度”“问责”“健壮性”“监督”“安全”和“数据治理”。但对许多批评者而言，这种伦理仍然过于冷漠地脱离日常生活，无法完全使人信任。

广义上讲，伦理学被视为一门道德科学，它对人类主体的实际行为进行理论化，但与日常生活相距甚远。要从传统的伦理道德观中理解信任，就要把它看作是多种因素编织而成的综合体，包括交互关系、情感、仁慈等基础性社会共识和多样的文化层次。道德理论家所理解的道德世界关心的是身处当下、面对面互动的人们,而信任基本上接近于道德。然而,如今已经不可能再以这种方式来思考道德和信任了。现在,由于 AI 的进步和自动化智能机器的大规模普及,决策不再仅仅基于某时某地的人际关系。AI 社会科学的重大突破是洞悉这一真相:颠覆性技术不仅提出了新的伦理问题,而且挑战了人们通常用于理解和评估世界的概念和类别[38]。算法并不像人那样值得信赖。正如文森特·穆勒(Vincent Müller)敏锐地观察到的那样,AI 技术的可信度与人类的可靠性是完全不同的[39]。算法并不像人类那样值得信赖。即便如此,AI 技术仍可能影响人们在日常道德决策中使用的基本概念和价值观,比如自我与他人、内部与外部、自然与人工之间的关键区别。通过从根本上动摇责任、自主和代理等基本概念,AI 深刻地改变了我们与社会、世界、他人以及自我的关系。

无论如何,目前还无法明确,道德问题和困境是否仅仅通过重新调整或定义,就能适应 AI 时代。我们目前的全球秩序是基于人们与 AI 技术的自动接触,而这些技术的计算处理速度远远超过人类的认知能力。然而,这种对大量数据的实时算法性处理给社会科学带来了全新的挑战。如今 AI 的进步可能需要什么样的新伦理思想?汉斯·乔纳斯(Hans Jonas)试图打破令人窒息的正统哲学思想,他挑衅性地争辩道,传统的伦理观念在时间和空间方面受到了过于狭隘的限制[40]。乔纳斯试图重新提出有伦理意义的问题,他关注的不是当面交往是否会引发幽闭恐惧症,而是超越传统道德话语权的可能性。这让人想起了约翰·B·汤普森对其哲学的评论:“密接和共处的条件不再成立,伦理宇宙必须扩充,使其能够包含相距遥远时空的人们,甚至只是相互联系、共同参与行动并造成影响的群体。”[41]可以说,这一点在如今通过人机接口表现得最为明显,它同时是AI文化的条件与结果。在一个范围宽广而技术密集的AI世界里,人们不断地与海量的数据、自动化技术和算法网络联系在一起,这些网络定期与现实世界交互并进行重组。AI通过各种远程、半自主和自主的自动化技术,让人们在“自动导航”的状态下生活,体验了日常生活结构中复杂的时空变换。

大卫·明德尔认为AI是“无需耗费时间的人类行为”[42]。当然,很大程度上,自动化智能机器在现在和未来的行为是由计算机程序员和技术设计师预先设定好的。但智能算法也会对复杂情况做出新的反应,而且通常是以意想不到的方式。因此,我们关注未来AI的一个关键因素与我们对自动化智能机器的信任有关。正如前几章中所论述的,自动化数字系统(尤其是AI增强的技术)的广泛发展,改变了现代社会中信任的方式和关系[43]。在算法驱动的时代,对人机接口的信任是保障安全性的基础资源。在最普遍的层面上,信任是一种资源,人们可以通过它体验远程虚拟环境中的场景,动态地探索丰富的数据世界,或看到增强现实的影像,等等。信任是社会系统中自动化智能机器模式的核心,这也必然意味着不信任会产生新形式的心理脆弱。正如本书中试图说明的那样,AI时代最紧迫的全球问题之一,源于远程、半自主和自主AI技术之间动态的相互交织,以及对这些数字化技术的传播可能施加的限制。AI本身就令人不安。它最好被理解为一种极其矛盾的政治现象,其中既存在了巨大的可能性，也暗藏风险。在令人不安的AI发展趋势中，人们不仅与自动化智能机器联接起来，他们的行为、互动和数据都置于一个全新的时空融合的世界。在信任领域，未来的AI世界会是什么样子？在涉及自动化智能机器时，人们还会继续以“盲目信任”的形式参与其中吗？特别是在未来，个人和政治领域是否也会采用当前的“自动切换、进入和退出模式”？或者我们是否会目睹科技倒退的加剧？风险很高。下一代AI技术最有可能为社会带来巨大利益：例如，开辟新的商业机会，或使公民有新的参与机会。但是，如果对这些技术的开发和应用不恰当，也可能会带来巨大的危害。AI很可能会削弱我们的自主权，侵犯我们的隐私，破坏人们对公共机构的信任，加剧社会的分裂和不平等。这就是为什么社会科学框架如此重要：哪些价值观和原则规范应该指导AI的发展？我们希望为个人、社区和社会带来什么好处和机会？我们知道，AI不仅仅是一种技术现象；我们也知道，社会、文化、政治和伦理问题渗透到AI在全球的扩张之中。但在个人生活和公共生活中，我们对信任和算法力量不断变化的本质知之甚少。如果社会科学要充分指导我们日益自动化的世界，它必须提出关键的伦理问题，即人们对AI的信任会在时空维度产生哪些深远的影响。从这个角度来看，我们的算法世界中，无论是现在还是未来，道德领域的宏大问题对于算法世界仍然能够产生全方位的影响。

注　释

[1] Samuel Butler, Erewhon, Penguin, 1985, p. 210.

[2] 从这个角度理解,勃特勒的《埃瑞洪》可以视为对科技创生思想的早期阐述,而该思想的首部重要著作是 1877 年由 Ernst Kapp 撰写的《Grundlinien einer Philosophie der Technik》——早于勃特勒几年.已故的法国哲学家伯纳德·斯蒂格勒在这一领域仍然是最著名的学者,本书第 2 章对其作品进行了简要阐述.

[3] Butler,Erewhon, p. 207.

[4] E. M Forster, 'The Machine Stops', in The New Collected Short Stories, Sidgwick and Jackson, 1985, p. 108.

[5] 参见有趣的相关分析:Tim Taylor and Alan Dorin, 'Past Visions of Artificial Futures: One Hundred and Fifty Years under the Spectre of Evolving Machines', in Proceedings of the Conference on Artificial Life, MIT Press, 2018, pp. 91-8.

[6] 参见 Anthony Elliott and John Urry, Mobile Lives, Routledge, 2010.

[7] 这其中包括英国上议院 AI 特别委员会的报告:AI in the UK: Ready, Willing and Able? (HL Paper 100);作者作为社会科学专家,参与了澳大利亚 ACOLA 人工智能报告中的部分工作,值得注意的是,安东尼·吉登斯(Anthony Giddens)曾参与起草英国上议院的人工智能报告.

[8] JohnUrry, What Is the Future?, Polity, 2016, p. 99.

[9] Joe Tidy, 'Google Blocking 18m Coronavirus Scam Emails Every Day', BBC News, 17 April 2020: https://www.bbc.com/news/technology-52319093.

[10] David Autor and Elizabeth Reynolds, 'The Nature of Work after the COVID Crisis: Too Few Low-Wage Jobs', MIT Work of the Future, July 2020, p. 3.

[11] Gideon Lichfield, 'We're Not Going Back to Normal', MIT Technology Review, 17 March 2020: https://www.technologyreview.com/2020/03/17/905264/coronavirus-pandemic-social-distancing-18-months/.

[12] 引用自 Stanislaw Ulam, 'John von Neumann, 1903 - 1957', Bulletin of the American Mathematical Society, 64, 1958, pp. 1-49, p. 5.

[13] Vernor Vinge, 'The Coming Technological Singularity: How to Survive in the Post-Human

Era', in G. A. Landis (ed.), Vision-21: Interdisciplinary Science and Engineering in the Era of Cyberspace, NASA, 1993.

[14] Jacques Ellul, 'The Power of Technique and the Ethics of Non-Power', in Kathleen Woodward (ed.), The Myths of Information: Technology and Postindustrial Culture, Routledge, 1980.

[15] 关于"技术修正",参见 Max Black, 'Nothing New', in Melvin Kranzberg (ed.), Ethics in an Age of Pervasive Technology, Westview Press, 1980.

[16] Ray Kurzweil, The Singularity Is Near: When Humans Transcend Biology, Penguin, 2006, p. 9.

[17] 引用自 Rocky Termanini, The Nano Age of Digital Immunity Infrastructure Fundamentals and Applications, CRC Press, 2018, p. 191.

[18] Kurzweil, The Singularity Is Near, p. 323.

[19] Toby Walsh, 2062: The World that AI Made, La Trobe University Press, 2018, p. 35.

[20] David Edgerton, 'The Contradictions of Techno-Nationalism and Techno-Globalism: A Historical Perspective', New Global Studies, 1, 2007, pp. 1-32.

[21] Anthony Giddens, The Politics of Climate Change, Polity, 2009, p. 230.

[22] 参见相关研究:John Vidal, '"Tsunami of Data" Could Consume One Fifth of Global Electricity by 2025', Climate Home News, 11 December 2017: https://www.climatechangenews.com/2017/12/11/tsunami-data-consume-one-fifth-globalelectricity-2025/.

[23] Anders Andrae, 'Total Consumer Power Consumption Forecast', Nordic Digital Business Summit, 2017: https://www.researchgate.net/publication/320225452_Total_Consumer_Power_Consumption_Forecast.

[24] EmmaStrubell, Ananya Garesh and Andrew McCallum, 'Energy and Policy Considerations for Deep Learning in NLP', 57th Annual Meeting of the Association for Computational Linguistics (ACL), Florence, Italy, 2019.

[25] 威廉·吉布森(William Gibson)作为赛博朋克类推理小说的先驱,被认为是“赛博空间”一词的创造者. 他观察到,未来社会实际上总是与现在有关.

[26] 参见 James S. Coleman, Foundations of Social Theory, Harvard University Press, 1990, ch. 12; and Robert D. Putnam, Making Democracy Work, Princeton University Press, 1993.

[27] Niklas Luhmann, Trust and Power, Wiley, 1979.

[28] Diego Gambetta, ‘Can We TrustTrust?’, in Gambetta (ed.), Trust: Making and Breaking Cooperative Relations, Blackwell, 1988, p. 217.

[29] Anthony Giddens, The Consequences of Modernity, Polity, 1990, p. 83.

[30] AntoinetteRouvroy and Thomas Berns, ‘Algorithmic Governmentality and Prospects of Emancipation: Disparateness as a Precondition for Individuation through Relationships?’, Réseaux, 177 (1), 2013, pp. 163 - 96.

[31] LucianoFloridi, The Fourth Revolution: How the Infosphere is Reshaping Human Reality, Oxford University Press, 2014, pp. 94, 96.

[32] MichelSerres, Times of Crisis, Bloomsbury, 2015; Bernard Stiegler, Automatic Society: Volume 1. The Future of Work, Polity, 2016, especially ch. 1.

[33] Massimo Durante, Computational Power, Routledge, 2021.

[34] 有关社会上对 AI 技术(尤其是自动驾驶汽车)日益增长的怀疑态度,人类学家莎拉·平克进行了深刻的阐述,这种怀疑趋势主要集中于未来自动驾驶汽车的设计上.她认为重新定义信任的概念十分重要,这样便于对主流的、技术性的、解决问题式的叙事方法进行讨论.参见 Sarah Pink et al., ‘Design Anthropology for Emerging Technologies: Trust and Sharing in Autonomous Driving Futures’, Design Studies, 69, 2020, 100942.

[35] Durante, Computational Power, p. 21.

[36] Durante, Computational Power, p. 22.

[37] 参见 Anthony Elliott, The Culture of AI: Everyday Life and the Digital Revolution, Routledge, 2019.

[38] 参见 Anthony Elliott (ed.), Routledge Social Science Handbook of AI, Routledge, 2021.

[39] Vincent C. Müller, 'Ethics of Artificial Intelligence and Robotics', in Edward N. Zalta (ed.), The Stanford Encyclopedia of Philosophy, Winter 2020 edn: https://plato.stanford.edu/archives/win2020/entries/ethics-ai/.

[40] 参见 Hans Jonas, The Imperative of Responsibility: In Search of an Ethics for the Technological Age, University of Chicago Press, 1984.

[41] John B. Thompson, The Media and Modernity, Polity, 1995, p. 262.

[42] David A. Mindell, Our Robots, Ourselves: Robotics and the Myths of Autonomy, Penguin Random House, 2015, p. 220.

[43] Mindell, Our Robots, Ourselves, p. 223.

延伸阅读

在技术(特别是 AI)、劳动力和动态权力结构的领域,对于那些寻找全面而详实资料的读者而言,卡尔·弗雷(Carl Frey)的《技术陷阱》(*The Technology Trap*,普林斯顿大学出版社,2019 年出版)提供了宏大的历史跨度和独到的洞见。丹尼尔·苏斯金德(Daniel Susskind)的《没有工作的世界》(*A World Withowt Work*,Allen Lane 出版社 2020 年出版)可以作为补充。技术专家阿米尔·侯赛因(Amir Husain)的《感知机器》(*The Sentient Machine*,Scribner 出版社 2017 年出版)在保证可读性的基础上,对 AI 进行了审视,同时对科学、社会和人类之间不断变化的关系提供了重要的见解,而詹妮弗·李(Jennifer Rhee)的《想象中的机器人》(*The Robotic Imaginary*,明尼苏达大学出版社 2018 年出版)在电影、艺术和文学领域探究了 AI 与机器人的共同进化。

布莱恩·克里斯蒂安(Brian Christian)的《结盟问题》(*The Alignment Problem*,大西洋图书出版社 2020 年出版)以一种优雅的方式阐述了人机交互时代,女性和男性应该如何以最佳方式应对生活。而瑞安·吉金斯(Ryan Kiggins)编撰的《机器人的政治经济学》(*The Political Economy of Robots*,施普林格出版社 2018 年出版)探索了 AI 在全球价值链、全球金融、国际关系政策和 AI 武器等领域的广泛应用。

玛格丽特·博登的(Margaret Boden)《人工智能:本质与未来》

(*AI*: *Its Nature and Future*,牛津大学出版社 2016 年出版)面向计算机科学、认知科学和哲学领域的读者,对 AI 进行了简短而深入的分析。关于 AI 系统对信任、风险和道德的影响,文森特 · 穆勒(Vincent Müller)编写的《人工智能风险》(*Risks of Artificial Intelligence*, Routledge 出版社 2020 年出版)在自主技术和机器道德等领域提供了有益的内容。关于 AI 的不确定性、挑战和幻想,可参阅赫尔加 · 诺沃特尼(Helga Nowotny)的《我们信任的 AI》(*AI We Trust*, *Polity* 出版社 2021 年出版)。